高职高专工业机器人技术专业系列教材

工业机器人

操作与运维

项目化教程

关 宁 梁兴建 主 编 ⊕

张桂香 副主编 ⊕

U0235039

化学工业出版社

·北京·

内容简介

本书对接国家职业技能等级标准和工业机器人操作与运维职业技能等级证书考核要求，结合高职学生学情实际，在充分调研用人企业的人才需求的基础上，对工业机器人操作与运维的核心技能点进行分解重构编写而成。本书采用模块式项目化结构，包含工业机器人工作站的基础搭建、工业机器人工作站的常规操作、工业机器人工作站常见故障分析、工业机器人工作站日常维护保养四个模块，共十四个项目，在内容安排上注重理论与现场实际相结合，讲练结合，使学生毕业进入职场后能够快速适应岗位，融入企业，并为进一步职场深造打下坚实基础。全书配有丰富的二维码视频，供学习参考。

本书可作为职业院校工业机器人技术专业的教材，也可作为相关专业人员的自学参考用书。

图书在版编目（CIP）数据

工业机器人操作与运维项目化教程 / 关宁，梁兴建主编；
张桂香副主编. —北京：化学工业出版社，2022.8（2024.4重印）
高职高专工业机器人技术专业系列教材
ISBN 978-7-122-41557-8

Ⅰ.①工… Ⅱ.①关… ②梁… ③张… Ⅲ.①工业机器人-操作-高等职业教育-教材 Ⅳ.①TP242.2

中国版本图书馆 CIP 数据核字（2022）第 093305 号

责任编辑：潘新文　　　　　　　　　　　　　　装帧设计：刘丽华
责任校对：宋　夏

出版发行：化学工业出版社（北京市东城区青年湖南街 13 号　邮政编码 100011）
印　　装：涿州市般润文化传播有限公司
787mm×1092mm　1/16　印张 12¼　字数 296 千字　2024 年 4 月北京第 1 版第 2 次印刷

购书咨询：010-64518888　　　　　　　　　　售后服务：010-64518899
网　　址：http://www.cip.com.cn
凡购买本书，如有缺损质量问题，本社销售中心负责调换。

定　　价：39.00 元

前 言

近年来，我国工业机器人行业在国家政策支持下迅速进入发展黄金期；我国是世界工业机器人应用市场第一大国，工业机器人已广泛应用于汽车及汽车零部件制造业、机械加工行业、电子电气行业等领域。随着工业机器人应用领域的不断拓宽，相关产业领域催生出许多新职业，国家于 2019 年公布了首批工业机器人相关的新职业，其中就包含工业机器人系统运维员。目前工业机器人系统运维员的人才缺口相当大，全国各职业院校纷纷开设工业机器人相关专业，大量培养工业机器人技术人才。本书编者依据国家职业技能等级标准，对接工业机器人操作与运维职业技能等级证书考核要求，充分调研用人企业的人才需求，围绕工业机器人系统运维员所需技能潜心开发本书，期望为工业机器人技术专业的高等职业教育教学工作贡献绵薄之力。

本书在内容安排上按照由浅入深、循序渐进的原则，将岗位工作内容和职业技能竞赛项目凝练成本书的十四个教学项目，以项目为载体，用工业机器人工作站搭建、工作站的常规操作、工作站常见故障分析、工作站日常维护保养这四项核心技能来协同构建"操作与运维"的完整框架，使学生对本门专业课程所涵盖技能点与知识点做到应知尽知、应会尽会。

本书以 ABB 工业机器人应用编程工作站为载体展开介绍，其中工业机器人本体为 ABB IRB120，该工作站比较有代表性，设备整体通用性与普适性较强，有利于学生变通延伸，一通百通。

本书通过理念与模式创新形成了以下新形态特点：

1. 有机融入思政元素，让知识与思想齐飞，践行立德树人、德技并修的教育理念；

2. 采用模块式项目化任务教学，突出全书系统性整体性特点，在洞悉工作站全貌的基础上，讲解工作站故障分析与日常维护，水到渠成，符合认知规律；

3. 对接工业机器人操作与运维职业技能等级证书考核要求，对接国家职业等级标准，融合工业机器人系统运维员职业技能竞赛内容，全面保障本书的实用性、规范性与前沿性，推动"岗课赛证"融通；

4. 凸显重点，化解难点，内容上详尽而通俗地阐述工业机器人系统运维员必备核心技能点，形式上将关键操作步骤的演示视频制作成二维码附于文字后，学习者扫码观看，视频+图片+文字三维呈现，帮助理解，降低学习者学习难度。

本书由关宁、梁兴建主编，负责全书的统稿，张桂香任副主编。关宁编写了项目七、项目十一、项目十二、项目十四；梁兴建编写了项目二、项目四的任务二、项目六、项目八及项目九；张桂香编写了项目十及项目四的任务三；刘少轩编写了项目一及项目四的任务一；马帅编写了项目三和项目五；张培编写了项目十三；本书在编写过程中得到了江苏汇博机器人技术股份有限公司的大力支持，同时得到众多职业院校同行们的帮助，在此深表谢意！

由于编者水平有限，书中缺陷及疏漏在所难免，敬请广大读者批评指正。

编　者

2022 年 3 月

模块一 工业机器人工作站的基础搭建

项目四　工业机器人外围设备的安装　39

项目五　工业机器人工作站网络通信　58

模块二　工业机器人工作站的常规操作

项目六　工业机器人备份与恢复　64

模块三　工业机器人工作站常见故障分析

模块四　工业机器人工作站日常维护保养

模块一　工业机器人工作站的基础搭建

项目一 工业机器人安装

📖 相关知识

一、安全意识和责任意识

安全生产，警钟长鸣，所有的生产制造中安全无小事，工业机器人安装操作同样如此。在进行工业机器人安装、调试、操作、检修作业中，首要考虑的均是安全问题，严格按照作业指导手册及安全操作规章制度的要求，标准着装，规范操作，严谨作业，时刻将安全放在心中，安全红线不可触碰。如果忽视安全意识和责任意识，很容易导致不可估量的悲剧发生。

2018年9月10日上午，芜湖市经济开发区一生产汽车零部件的企业内发生一起因忽视安全生产导致的严重事故，一名操作工在给搬运机器人换刀具时，因为没有遵守安全操作规程，突然被机器人夹住，虽然该员工很快被救下送医，但因伤势过重，最终不治身亡。类似这样的案例还有很多。一场安全事故的发生，不仅带来企业损失，个人损失，而且带来一整个家庭的深沉悲剧，给死者亲人造成无尽的悲伤，生命只有一次，失去无法重来。

安全无小事，安全红线一旦触碰，轻则受伤，重则丧命。大学生作为当代新青年，作为祖国悉心培养的高素质技能型人才，作为父母双亲呵护疼爱的儿女，必须要将安全生产意识牢记心头，始终绷紧安全这根弦，从内心深处重视安全，珍爱生命，敬畏生命。

在本课程学习过程中，在每个实训实操环节中，打下安全操作的基础，将"安全第一"的种子埋入心中，将来进入企业后的岗前安全培训、车间安全生产规章制度的学习等，更是绝不可掉以轻心，敷衍应付，故作儿戏，生命经不起这样的儿戏。万万不可有侥幸心理，只有始终遵章守纪，规范操作，才能保障人身安全、生产安全。

作为工业机器人系统运维员，职责所在就是为工业机器人保驾护航，保障工业机器人始终处于优良的工作状态，一旦偏离正常工作状态，运维员应能第一时间发现问题并及时解决问题，这是职责所在，责任所在，作为学生，目前的职责就是学好技能，练好本领，报效祖国。在学习和工作中我们都应有责任意识，该完成的任务，要保质保量完成，为自己所做的工作负责，为自己的作品负责。

在进行工业机器人安装、调试、操作、检修作业中，责任意识应贯穿始终，对自己的每一个作业动作负责，一旦出现问题，责任落实到人，届时我们要承担起这个责任，这就要求我们务必严谨操作，精益求精，一丝不苟，不得马虎。唯有如此，我们才能做出精良的作品，才能拥有满满的获得感与成就感，逐步积累，铸就属于工业机器人系统运维员的职业归属感与职业荣誉感。

二、工业机器人安装工具

（1）单头钩形扳手

单头钩形扳手主要用于扳动在圆周方向上开有直槽或孔的圆螺母，使用时将方头凸起卡入直槽或孔内，转动手柄即可紧固或拆卸圆螺母，一般有固定式和可调节式两种，如图 1-1 和图 1-2 所示，其中可调节式能够改变扳手规格尺寸。

图 1-1　固定式单头钩形扳手　　　　　　　图 1-2　可调节式单头钩形扳手

（2）内六角扳手

工业机器人工作站内需要大量内六角圆柱头螺钉、内六角沉头螺钉来安装固定，如图 1-3 中（a）所示，与之凹凸相对配套使用的内六角扳手则因此成为工业机器人安装维护等作业任务中的常用工具，常用规格（单位 mm）有：1.5、2、2.5、3、4、5、5.5、6、8、10、12、14、17、19、22、27 等，如图 1-4 中（a）所示。图 1-3 中（b）所示为内梅花形螺钉，也称为星形螺钉，多见于欧洲设备，例如 ABB 机器人，所以在进行 ABB 机器人安装检修作业时通常会用到图 1-4 中（b）所示的梅花形扳手，扳手截面为梅花形状，与内梅花形螺钉凹凸相对，配套使用，有时也称其为星形扳手。

（a）吸盘工具上的沉头内六角螺钉　　　　　　（b）内梅花形螺钉

图 1-3　沉头螺钉

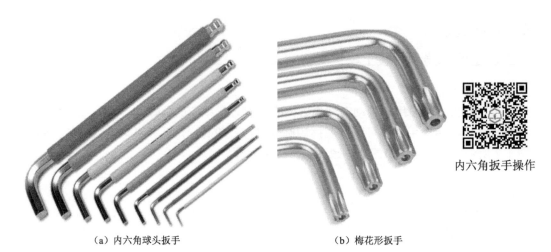

（a）内六角球头扳手　　　　　　　　　（b）梅花形扳手

内六角扳手操作

图 1-4　扳手套装

（3）电锤

电锤是附有气动锤击机构的一种带安全离合器的电动式旋转锤钻，电锤是利用活塞运动的原理，压缩气体冲击钻头，操作者无需很大力气，就可以在混凝土、砖、石头等硬性材料上开 6～100mm 的孔，电锤在上述材料上开孔效率较高，但它不能在金属上开孔。有些机器人需要直接安装在地面或墙面，此时在进行工业机器人底座固定作业任务时，需要使用电锤在安装位置预先打孔，再利用膨胀螺丝等进行底座紧固。如图 1-5 所示为电锤外观图。

图 1-5　电锤外观图

（4）螺丝刀（螺钉旋具）

螺丝刀是一种拧转螺钉使其就位的工具，又名螺钉旋具，它可以插入螺钉头部的槽缝或凹口内，旋转手柄，实现螺钉的紧固与松脱。螺丝刀主要包括一字（负号）螺丝刀和十字（正号）螺丝刀两种类型。工业机器人安装时常用到螺丝刀套装，如图 1-6 所示，套装采用公共手柄，根据实际需要选配合适的刀头即可。例如图 1-7 所示为工业机器人控制柜上的端子排，在接线时通常需要一字螺丝刀辅助，将一字螺丝刀插入位于接线端子上方的扁口状解锁孔内，打开接线孔，便于导线插入接线孔，接着拔出一字螺丝刀，接线孔重新收紧，即可将导线压紧在接线孔内，安装步骤如图 1-8 所示。

图 1-6　螺丝刀套装

安装步骤

图 1-7　接线端子排

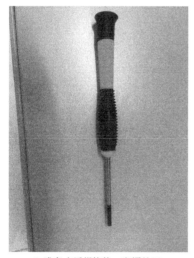

1. 准备合适规格的一字螺丝刀

2. 将螺丝刀插入自锁孔，打开接线端子

3. 将导线插入已打开的接线端子

4. 拔出一字螺丝刀，自锁恢复，接线完成

图 1-8　安装步骤

（5）扭矩扳手

扭矩扳手是一种带有扭矩测量机构的拧紧工具，通常应用在一些对精度要求较高的安装场合，例如工业机器人本体上的许多螺钉对其拧紧力矩都是有严格要求的，比如在进行机器人减速机的紧固安装操作时，就不能凭感觉判断是否已将螺钉拧紧到位，而应该对照《螺钉拧紧力矩标准》中减速机的拧紧扭矩标准值，提前在扭矩扳手上设置实际所需扭矩值，然后使用不大的力慢慢转动手柄，当听到"咔嗒"的一声，说明已经达到预设的扭矩值，操作已完成，停止施加外力。这样拧紧的螺钉是恰到好处，既不松脱也不过紧的，符合高精度装配要求，保障工业机器人优良的运行性能，提高其使用寿命。扭矩扳手外观图如图 1-9 所示。

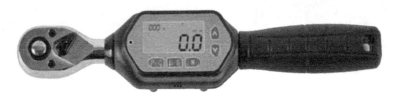

图 1-9　扭矩扳手外观图

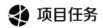 项目任务

任务一　安装机器人本体、控制柜、示教器

工业机器人包含工业机器人本体、控制柜、示教器和连接电缆 4 部分。新购置的工业机器人被运抵安装现场后，第一时间应检查外包装是否有破损，是否有进水等异常情况，如有问题，应及时联系厂家或物流公司处理。若检查无误，即可拆箱清点物品。清点物品时注意检查随机文档，包括基本操作说明和出厂清单等，这些随机文档应妥善保管，以备将来安装和维修机器人时参考用。

工业机器人本体、控制柜、示教器和连接电缆基本都是成品封装，无需另外组装，工业机器人的机械安装即是按照安装布局图，如图 1-10 所示，将成品直接固定安装在图示对应位置即可。图中可以看到工作站内所有设备的整体分布与相对位置，其中数字表示设备之间的真实距离，单位为 mm。

（1）安装机器人本体

该焊接机器人带有底座，底座上有 4 颗紧固螺钉，首先将底座固定于目标安装位，再将工业机器人本体移动到底座正上方，缓缓下放至底座，并使用内六角扳手拧紧紧固螺钉，实现本体与底座的紧固连接，继而实现将工业机器人本体紧固于目标安装位。如果底座安装位在地面，则需要使用电锤打孔，然后使用膨胀螺钉进行紧固，如果底座安装位在箱体台面上，则通常预留有安装孔位，无需自行打孔。若没有底座，则将工业机器人本体直接固定在目标安装位即可。

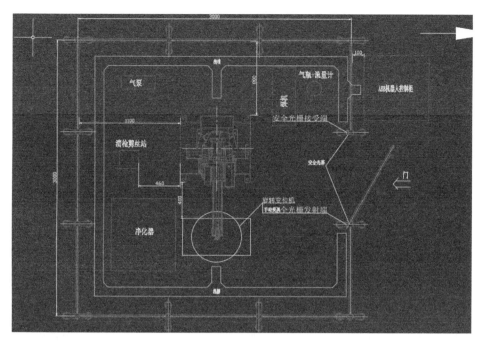

图 1-10 焊接工作站安装布局图

注意拧紧螺钉时采用十字交叉方式，拧紧第一颗螺钉后，不要紧接着去拧相邻的那颗螺钉，而应该是将与第一颗呈对角线位置关系的那颗作为第二颗螺钉，将其拧紧，像第一颗与第二颗这样呈对角线位置关系的螺钉我们称之为一对螺钉，然后同样的方法去拧紧第二对和第三对等，这样的操作可以很大程度上保障拧紧时施力均匀，防止被紧固件因受力不均而发生扭曲。如图 1-11 所示为十字交叉方式下拧紧螺钉顺序示例。

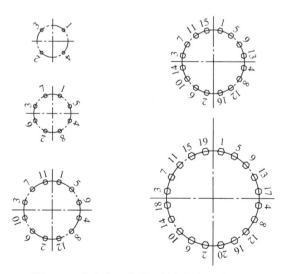

图 1-11 十字交叉方式下拧紧螺钉顺序示例

对于工业机器人这种操作精度要求较高的设备，安装时通常会用到调平螺钉，顾名思义，"调平"意为"调节使其平齐"，主要是应对安装位表面不平整的情形，有些或许肉眼观察是平齐的，没有倾斜的，但仪器测量的倾斜度结果却是超出安装平整度要求的，这时就需要使用调平螺钉，如图 1-12 所示，预先将化学螺栓种在安装面内固定住来作为调平螺栓，调平螺栓穿过连接点而将底座卡入调平螺栓的两个螺母之间，而不同调平螺栓上的螺母可分别独立调整高度，在测量仪器帮助下找到最佳平齐度后将调整螺母锁紧，将底座紧固，以此为工业机器人本体重新打造一个符合安装平整度要求的安装平面，尽管地表不够平整，但底座足够平齐，工业机器人本体固定在底座上便可以达到高精度要求，也可以在底座下的缝隙内再次灌浆以增强稳定性。

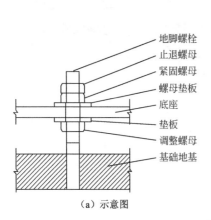

（a）示意图　　　　　　　　　　　（b）实物图

图 1-12 调平螺钉

底座固定后将工业机器人本体移动至底座上方，工业机器人本体的移动可采用吊装，如图 1-13 所示，吊装时需提前安装钩环，利用软吊绳穿入钩环吊起工业机器人本体，另外注意为了保证本体外观漆不被磨损，通常需要在软吊绳与本体接触处用防护软垫等进行防护，防护软垫如图 1-13 所示；也可采用叉车运输，如图 1-14 所示，使用叉车则需要提前加装叉举套，方便叉车的叉臂插入套内，叉车的叉臂穿入叉举套，获得稳定的作用支撑点以保障操作安全。在本体移动过程中，速度一定要慢，期间本体保持图 1-13 和图 1-14 所示姿态为最佳，在这种姿态下运输能够最大程度上保证工业机器人本体的稳定性和安全性，防止工业机器人翻倒，减少关节轴和电缆的损伤。

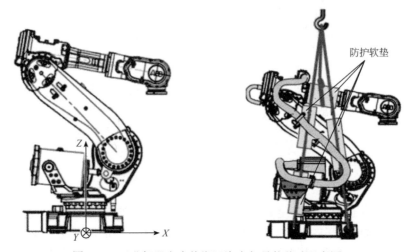

图 1-13 工业机器人本体搬运姿态与吊装移动示意图

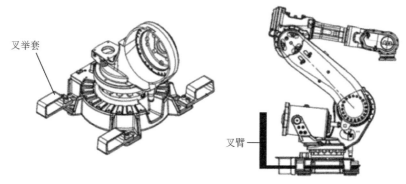

图 1-14　叉车运输示意图

在工业设计上，为避免操作者操作失误而造成机器人损坏或人身伤害，会针对这些可能发生的情况来做预防措施，称为防呆。防呆是一种预防校正的行为手段，让操作者不需要花费注意力，也不需要专业知识即可完成正确的操作。在机器人安装过程中，也少不了防呆设计的辅助，例如将本体固定在底座上时，机器人本体一轴基座底部会有一个浅的凹槽，这就是一个定向凹槽，告诉操作者安装的方位，与本体连接在一起的底座上也会有一个同样的凹槽，当这两个凹槽刚好对齐在一起时，说明工业机器人本体与底座的相对位置关系是正确的，否则就是错误的，应及时纠正，避免安装完成后再拆掉返工，增加额外不必要的工作量，这是进行工业机器人本体安装时需要关注的一点。

（2）安装工业机器人控制柜

工业机器人控制柜位于安全围栏外间距 10cm 处，通常情况下控制柜均放置在工作站围栏外面，保证操作者操控机器人的安全前提。搬运控制柜同样可采用吊装方式，控制柜并不属于运动部件，一般无需特别紧固，静置在指定位置即可，为了保证控制柜的良好通风与散热，应尽量将其放置于相对开阔的环境中，如图 1-15（b）中标识的预留尺寸是符合散热要求的，同时开阔的空间也便于日常操作与检修作业，有时也可将其外置于一个可移动平台上，便于随时移动控制柜，有时将其静置于箱体内，需打开箱门才能看到，机器人正常运行时，箱门关闭，维护或检修控制柜时才会打开箱门，露出控制柜，安置控制柜的过程中通常也要使用叉车进行叉举移动，或者采用吊装方式来移动，以如图 1-15（a）所示角度吊起控制柜然后平缓移动至安装位，到达目标地点后拆下运输辅助防翻倒工具即可。

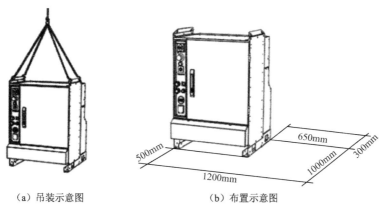

（a）吊装示意图　　　　　（b）布置示意图

图 1-15　控制柜安装示意图

（3）安装工业机器人示教器

示教器成品封装，通常直接挂在工业机器人本体一侧的示教器专属挂钩上，如图 1-16 所示。也有些如图 1-17 所示，固定放置在控制柜上的示教器专属托架里。

图 1-16 示教器悬挂于专属挂钩

图 1-17 示教器放置于专属托架中

任务二 安装动力电缆、编码器电缆、示教器电缆、DeviceNet 电缆

机械安装完成后，工业机器人还是无法动起来，因为还缺少驱动力，这就用到电气安装了，工业机器人电气安装就是用连接电缆把工业机器人本体、控制柜、示教器连接起来，赋予工业机器人动能，让工业机器人在示教器的指令下动起来，令行禁止，有序运行。

连接电缆主要包括电动机动力电缆、编码器电缆、示教器电缆和 DeviceNet 电缆，这是必不可少的 4 根电缆。

（1）安装电动机动力电缆

电动机动力电缆相当于工业机器人本体的电源输入线，工业机器人本体上每个轴都有驱动电机，驱动电机需要吸收电能，然后将电能转化为机械能来驱动机器人各关节轴运动，以常见的 6 轴机器人为例，从 6 轴（J6）开始，将其驱动电机的电源线汇聚起来，再与 5 轴（J5）的电机电源线汇成一股，再依次向下，最终将 6 个驱动电机的所有电源线汇成一大股电缆，将这些电源线的终端线头按照一定规律插入图 1-18 所示的重载连接器母插芯的线槽内，就制成了动力电缆的重载连接器，相当于动力插座，它位于工业机器人下方的 1 轴基座上。

上述电缆及插座在机器人出厂时已完成配置，真正需要现场安装的是将电动机动力电缆的一端接头——也就是重载连接器母插针，相当于动力插头，插入动力插座，如图 1-19 中所示。插头下面则是被其覆盖的动力插座，插头插座凹凸相对，实现有效电气连接，并通过 4 颗螺钉将二者紧固锁死；而电动机动力电缆的另一端接头则插入控制柜端相对应接口内，如图 1-20 中数字 1 标识所示。这样通过这一根动力电缆实现了工业机器人本体各关节轴驱动电机的电源线与控制柜的有效连接，为电能由控制柜输送进入工业机器人本体各关节轴驱动电机打造了一条通道，控制柜的能量可以进入工业机器人本体，但控制柜的能量又从何而来呢？

答案是取自外界，图 1-20 中数字 4 部位就是控制柜的电源输入电缆接头，这是控制柜的能量源头，不同型号的控制柜所需要的电源可能是 380V 或 220V 的，根据实际需求，将符合要求的外界电源通过图 1-20 中数字 4 部位的电缆输入电缆送入控制柜，再由图 1-20 中数字 1 处的电动机动力电缆将电能输送进入工业机器人本体各关节轴。

图 1-18 重载连接器母插芯（动力插座）

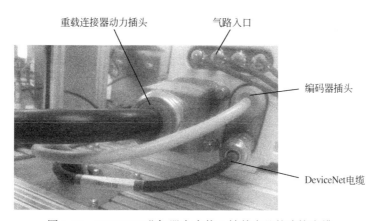

图 1-19 IRB120 工业机器人本体 1 轴基座处的连接电缆

图 1-20 IRC5 控制柜端的连接电缆

　　在安装操作上，实际就是成品电缆两端接头的连接。图 1-19 中的动力电缆插头插入插座后，再使用螺丝刀或内六角扳手拧紧插头四角上的 4 颗螺钉，实现动力电缆在机器人端的紧固连接。在控制柜端，则是通过扳动紧固卡扣来锁死电缆接口。首先参照数字提示将电缆接口与控制柜接口对齐，插接到位后扳动卡扣，实现锁紧即可，这样电动机动力电缆就安装完成了。控制柜电源输入电缆就像日常生活中的插头那样，按照公头和母头上数字提示，使二者数字一一对应而将插头插入对应的插槽，然后利用卡扣将插头锁死就可以了。

　　（2）安装编码器电缆

　　工业机器人本体各轴驱动电机除了动力线外，还有一根编码器线，与驱动电机内部编码器连接，编码器把机器人各关节轴的角位移或直线位移转换成电信号，通过编码器线传输出去，相当于驱动电机的信号输出线，与电动机动力电缆构成一入一出的结构关系。

　　以六轴机器人为例，与动力电缆一样，从末端 6 轴开始，逐步将各轴编码器线汇聚，6 轴编码器线首先与距离最近的 5 轴编码器线合并，接着是 4 轴、3 轴、2 轴以及 1 轴，最终将所有编码器线汇成一股，在工业机器人本体的 1 轴基座处将所有编码器线的终端线头按照一定规律插入线槽内，则集成了编码器电缆的重载连接器，相当于编码器插座，各关节轴驱动电机的实时角位移或直线位移信息转换的电信号集结于此。

　　以上电缆及插座在机器人出厂时同样已完成配置，真正需要现场安装的是从工业机器人本体上编码器插座到控制柜上编码器接口的连接。如图 1-19 所示，相当于编码器插头紧固插接在编码器插座上，电缆另一端接在控制柜上，图 1-20 中数字 2 标识部分即为编码器电缆的另一端接头。至此通过这根编码器电缆，工业机器人本体各关节轴的编码器发出的电信号传输进入控制柜，并由控制柜的主计算机解析出各关节轴的实时运动角位移或直线位移，控制柜便可以实时掌握机器人运动状态，实现对机器人运动的闭环控制。

　　在安装操作上，编码器电缆较为简单，按照防呆凹槽提示，将插头与插座的针脚正确对齐，然后一手扶稳接头，另一手顺时针转动其外侧紧固螺母，当听到"嗒"的一声则表明旋转已到位。

　　（3）安装示教器电缆

　　示教器是进行机器人手动操纵、程序编写、参数配置以及状态监控的手持装置。示教器电缆是专用电缆，如图 1-21 所示，一端插入示教器侧面接口处，操作简单，可以热插拔，也就是带电插拔，另一端接入控制柜的对应接口，即图 1-20 中数字 5 所标识部分，即示教器电缆的控制柜端接头。示教器电缆两端均连接完成后，便可实现示教器与控制柜的信息互通，继而与工业机器人本体间接互联，操作者编写在示教器内的程序便可以借助控制柜最终实现对机器人各关节轴的有效运动控制。

图 1-21　ABB 示教器及其专用电缆

在示教器电缆的安装操作上,将电缆两端接头正确插接即可,其中插接控制柜端接头时应注意防呆凹槽的提示,保证引脚插接正确,插接到位后一手扶稳接头,另一手顺时针转动其外侧紧固螺母,旋转到位即完成安装。

(4)安装 DeviceNet 电缆

DeviceNet 电缆即 I/O 电缆,见图 1-19,用以传输机器人 I/O 信号,I/O 信号即输入输出信号。

工业机器人本体上的传感器产生不同意义的信号,全面描述本体的各种运行状态,例如末端执行器夹爪目前到底张开的还是闭合的,通过监视数字量输入信号 DI9 和 DI10 的数值就可以知道答案;在这些输入信号的基础上,机器人就可以做到有的放矢,有依据有逻辑性地继续下一步动作,通过发出一些控制信号,控制工业机器人本体上的执行单元按照信号指示去执行动作,这些控制信号就是数字量输出信号 DO,将各传感器的信号线汇集起来,与执行单元的控制信号线合并在一起,就构成了工业机器人本体的 DeviceNet 电缆,作为 I/O 信号的传输通道,服务于机器人的精准控制与有序动作。

该 DeviceNet 电缆一端接头插入工业机器人本体 1 轴基座处的线槽内,另一端接头则是接入图 1-20 中数字 3 所示部位,图 1-22 中电缆多而杂,但是依据线号"RBI/O-CN1"就可以判定图 1-19 中 3 号电缆和图 1-20 中 3 号电缆为同一根电缆,而 I/O 电缆"RBI/O-CN1"的控制柜端接头并不是集成式插头,而是被拆开,剥出内部导线,在局部放大图中可以看到这些导线的线号有"DI13""DI14""DO8"等,然后按照电气图纸所示将这些导线依次插入控制柜 I/O 板的线槽内即完成接线,I/O 板输入输出模块端子排如图 1-22 所示,从图中可以清晰看出,机器人 I/O 电缆"RBI/O-CN1"包含 8 根导线,线号分别为"DO8"和"DI9~DI15",其中导线"DO8"接入 I/O 板 XS14 端子排的 8 号线槽,导线"DI9~DI15"依次接入 XS13 端子排的 1~7 号线槽,照图接线即可。

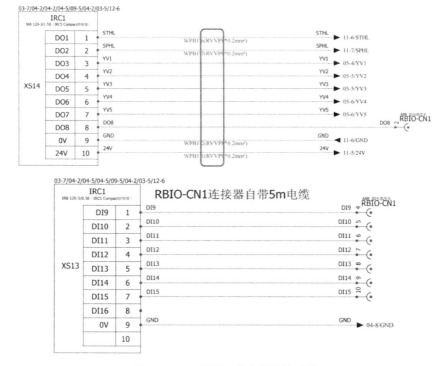

图 1-22　I/O 板输入输出模块端子排

电气识图时首先应关注线号，例如"YV1""DI9""GND"等，线号是导线的身份标识，电气图绘制原则中关于线号的要求是"一线一号"，因此图纸中线号标识相同的直线其实指代的就是同一根导线，对于大规模电气控制系统，其电气图往往是一套图若干页，分区分模块呈现，同一根导线可以出现在不同图纸上，因此线号至关重要，是确定一根导线连接关系的重要工具，是一套图纸中不同模块间的联系纽带；另外应关注图纸上直线末端的箭头方向，例如图1-22中的XS14端子排，箭头指向外表明该信号是由XS14端子排向外输送的，对于XS14端子排来说，这些都是输出信号DO，因此其线槽标记分别为"DO1～DO8"，线槽9和线槽10为电源接口，24V正极流出，0V负极流回。

在安装操作上，该DeviceNet电缆的工业机器人本体侧接头依然采用插拔连接方式，按照防呆孔提示，正确插入后，一手扶稳接头，另一手顺时针转动外侧紧固螺母，旋转到位即可；控制柜侧的导线接头需要依次插入I/O板端子排的线槽内，将一字螺丝刀插入位于接线端子槽上方的扁口状解锁孔内，打开接线槽，将导线插入接线槽，接着拔出一字螺丝刀，接线槽再次收紧，即可将导线压紧在接线槽内。

任务三　安装气泵、气源处理器、电磁阀、真空发生器

工业机器人末端执行器通常包含气动结构，因此除机械安装、电气安装以外，还需要进行气路安装以保证气源供应，为气动结构提供动力。

如图1-19中工业机器人本体的4个气路入口到末端执行器的气路部分在机器人出厂时已搭建完成，现场需要安装从气泵到该入口之间的这部分气路，所需设备包含气泵、气源处理器、电磁阀、真空发生器以及PU气管等。

（1）气泵

气泵产生高压气体，是整个气路的气源，气泵外观如图1-23所示。

认识气泵

图1-23　气泵外观图

（2）气源处理器

气管将高压气体从气泵接入气源处理器，如图 1-24 所示为较常见的三联件处理器，即 FRL，其中 F 代表空气过滤器，R 代表调压阀，L 代表油雾器，F 过滤器主要作用是将高压气体中的水分和杂质等滤除掉；R 调压阀可对气源进行稳压，使气源恒定保持在能满足机械可靠运动的状态，可有效减少气源气压突变对阀门或执行器等硬件的损伤，可以根据设备的实际用气需要转动调压阀下方旋钮以调节气压大小，气压大小的数值显示在上方气压表上；L 油雾器是一种可以将油料雾化为油雾的装置，许多仪器都需要润滑，但对于高精度仪器，润滑油无法进入，这时就需要油雾器将润滑油雾化后喷入仪器内。三联件就是将 F、R、L 这三个气源处理元件集成为一体，对高压气体分别进行净化过滤、稳压、给油后再向下输送给用气单元，相当于电路中电源变压器的角色。高压气体首先进入左侧 F 过滤器，水分等杂质由下方管道排走，净化后的高压空气进入 R 调压阀，接着来到 L 油雾器，最后由右侧出气口输出。

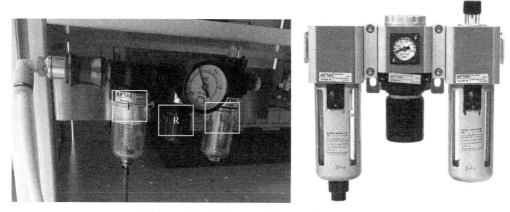

图 1-24　气动空气源三联件处理过滤器外观图

（3）电磁阀

电磁阀是通过电磁来控制流体的自动化元件，以二位五通电磁阀为例，实物外观图如图 1-25 所示，图示右侧为电磁线圈，左侧为阀体，阀芯位于阀体内，阀芯与电磁机构的衔铁相连接，阀体包含 5 个气口，因此称为五通，其中 A 口、B 口为高压气体输出口，P 口为高压气体进气口，R 口和 S 口为排气口，由于高压气体穿过管道进入大气往往会产生噪声，因此 R 口和 S 口通常情况下会安装消音器，将阀体表面的工作原理示意图放大，可以看到阀体被中分线一分为二，将整个阀体分为左侧阀体和右侧阀体，阀芯在电磁线圈得电和不得电时，分别位于右侧阀体和左侧阀体，也就是阀芯有两个工作位置，因此称为二位，这就是"二位五通电磁阀"名字的由来。当电磁线圈不带电时，电磁机构不动作，与衔铁相连的阀芯位于左侧阀体，依据示意图，阀体左下角有个"T"字样式的标识，表明此时下方最左侧的 R 排气口是堵住的，根据箭头指向，高压气体由进气口 P 进入，由输出口 A 进入输出口 B，继而由排气口 S 排出；当线圈得电时，电磁机构动作，衔铁带动阀芯运行到右侧阀体，依据示意图，此时阀体下方最右侧 S 口是堵住的，箭头指向表明，高压气体由进气口 P 进入，由输出口 B 进入输出口 A，继而由排气口 R 排出；综上可以看出电磁线圈得电状态和失电状态可形成两个方向相反的气流，因此通过控制流过电磁线圈的电流，就可以控制气流流向，由此电磁阀也称为换向阀。

图 1-25　电磁阀外观图

　　将电磁阀的 A 口和 B 口分别接入气缸的两个进气口，如图 1-26 所示，则在电磁线圈得电时和失电时，气缸就可以获得两个反向的气流，分别推动气缸运动部件伸出和缩回，多应用于流水线自动供料。图中可以看到二位五通电磁阀的 R 口和 S 口上均安装有消音器，这样在高压气体由 R 口或 S 口排出时就不会出现尖锐哨声。图中也可以看到电磁线圈的电源电缆，引入电气控制模块，作为一个被控信号，在需要气缸推出物料时，给该被控信号激励态，电磁线圈立即得电，产生正向气流，气流进入气缸后推动运动部件伸出，推出物料，实现自动化供料。电磁线圈一旦失电，气流反向，将气缸的运动部件收回，等待下次供料信号。

图 1-26　电磁阀与气缸连接

　　如果电磁阀是二位三通电磁阀，则输出口只有 A 口，这时候可以将两个三通电磁阀组合使用来产生两个反向高压气流。例如机器人末端工具法兰与工具之间的锁紧和松开控制：电磁阀 YV1 和 YV2 为一组，当 YV1 不得电，同时 YV2 得电时，钢珠伸出，卡住工具，实现末端工具法兰与快换工具的锁紧；当 YV1 得电，同时 YV2 不得电时，钢珠缩回，末端工具法兰与快换工具分离，钢珠伸出与缩回类似于气缸运动部件的伸出与缩回。YV3 与 YV4 同理，配合实现末端工具夹爪的闭合与张开。

电磁阀 YV1～YV5 电磁线圈的所有电源线同样汇成一股电缆被接入控制柜 I/O 板的 XS14 端子排，见图 1-22，YV1 电源线中的一根接入 XS14 端子排的 3 号线槽，另一根接 0V 端子，YV2、YV3、YV4、YV5 电源线的其中一根顺次接入 4 号槽、5 号槽、6 号槽和 7 号槽，电源线的另一根共同接入 0V 端子，通过将 I/O 板 XS14 端子排上 3 号线槽 DO3 对应的信号变量置于高电平，便可将 24V 电源接入电磁阀 YV1 的线圈，YV1 线圈得电而动作。YV2、YV3、YV4、YV5 同理，分别与 4 号槽、5 号槽、6 号槽和 7 号槽对应的信号变量相关联，具体操作见本模块项目三。

（4）真空发生器

真空发生器是利用正压气源产生负压的一种新型、高效、清洁、经济、小型的真空元器件，外观如图 1-27 所示，接口包括进气孔、消音器和吸入孔。高压气体由进气孔进入，高速穿过真空发生器箱体径直从消音器孔喷出，根据流体力学知识可知，当空气在某个腔体内流动时，流动速度越高，其流动空间的气压越低，基于此可分析得出，高压气体流经路径气压低，在吸入孔腔体内，就形成了孔口气压（大气压）高于腔内气压的局面，于是大气压将外界空气压入腔体内，形成空气由吸入孔被吸入，再由消音器孔喷出的负压气流，这就是利用正压气源产生负压的真空发生器的工作过程。

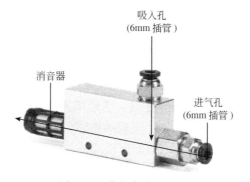

认识真空发生器

图 1-27　真空发生器外观图

真空发生器可以产生负压气流，用气管将吸入孔与吸盘工具的进气孔相连接，便将吸入孔延伸至吸盘了，空气自吸盘口被吸入，形成负压环境，可实现待加工物料的吸取操作。什么时刻有高压气体进入真空发生器，什么时候吸盘就可以吸物，若要实现吸盘吸物的自动控制，则应将真空发生器的进气孔与电磁阀的输出口相连，这样只需控制电磁阀线圈的电流，便可以自由控制吸盘的吸物动作。

图 1-28 所示为气路图示例，图中可看出五连座电磁阀共用同一路气源输入，而输出口则分别连接不同的用气单元，对 5 个电磁阀线圈所在电路进行合理控制，便可以掌控 5 个用气单元的状态，实现各自不同的功能，吸盘可吸取物料，喷枪可喷气，推料气缸可伸缩供料，变位夹具可夹紧或释放待加工件，末端夹具可闭合或张开夹爪。

机器人本体上气路入口有 4 个，分别标注"AIR1～AIR4"的字样，而控制工业机器人本体末端执行器动作的电磁阀却有 5 个，其中 YV1 和 YV2 配合控制钢珠伸缩，YV3 和 YV4 配合控制夹爪开合，YV5 则是控制吸盘能否负压吸物，YV1、YV2、YV3 的输出口分别接入

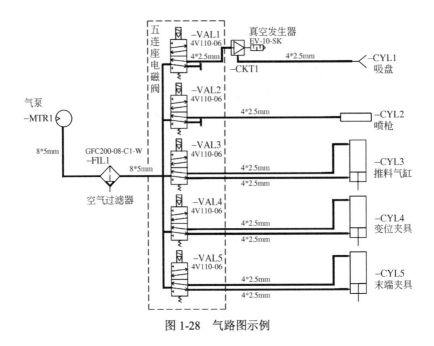

图 1-28　气路图示例

本体气路入口 AIR1、AIR2、AIR3，YV4 和 YV5 则共用 AIR4，仅 YV4 得电时，AIR4 是喷气口，仅 YV5 得电时，AIR4 是吸气口，这样形成两个反向气流，若 YV4 和 YV5 同时得电，则真空被破坏，不存在气压差，无气流产生。

　　工业机器人本体的气路安装就是完成从气泵到本体 4 个气路入口之间的连接即可，也就是用 PU 气管将气路中涉及的各种设备元件组装起来。

　　在安装操作上，按照气路图将 PU 管插入各接头即可。如果是塑胶质接口，如图 1-29 中的 T 形三通接头、隔板接头，插接时无需工具，手动插入，且 PU 管插入即自锁，拔出时需垂直向下按压塑胶接口而解锁，然后才能将气管拔出，自锁式设计提高了气路可靠性；如果是金属外螺纹接头，在连接时可使用内六角套筒将其拧入内螺纹孔即可。

（a）PU 气管　　　　　　（b）T 形三通接头　　　　　　（c）消音器

气管连接与自锁

（d）隔板接头　　　　　（e）直通螺纹快插接头

图 1-29　气路常用连接辅件

✖ 项目练习与考评

工业机器人气路安装训练

（1）训练目的

采用吸盘工具进行工业机器人气路安装，对气路结构形成清晰直观的认知，做到心中有数，不迷茫不畏惧，掌握基本功，为后续检修排故打下基础。

（2）训练器材

① 二位三通电磁阀　　　　　　　　　1个

② 真空发生器　　　　　　　　　　　1个

③ 吸盘　　　　　　　　　　　　　　1个

④ 气泵　　　　　　　　　　　　　　1个

⑤ 三联件气源处理器　　　　　　　　1个

⑥ PU气管、接头、消音器等辅料　　　若干

（3）训练内容

① 设计吸盘气路，画出所用元件的所有接口；

② 按照气路图，完成气路搭建；

③ 通气调试；

④ 维护排故，分析总结。

（4）训练考评

气路安装的考核配分及评分标准如表1-1所示。

表1-1　气路安装考核配分及评分标准

项目环节	技术要求	配分	评分标准	得分
设计气路	准确描述元件接口，可实现的相应功能	20分	1. 思路方向正确，得20分，每画错一个接口，扣2分； 2. 思路混乱，方向错误，得0分	
气路搭建	正确连接，接口紧固，气密性完好，气路整洁美观	50分	1. 连接准确，工艺达标，得20分； 2. 每接错一个接口，扣5分； 3. 每出现一个工艺不合格之处，扣5分	
通气调试	一次性成功	30分	一次性成功得30分，否则得0分	
维护排故 分析总结 （通气调试未成功者）	自主排故，自主总结关键点	30分	1. 自主排故成功，并总结到位，得30分； 2. 自主排故始终未成功，教师引导排故成功，得15分	

✎ 思考与讨论

1. 调平螺钉的作用是什么？

2. 工业机器人本体端编码器电缆如何连接？

3. 二位五通电磁阀的"二位""五通"含义分别是什么？

项目二　工业机器人示教器配置与操作

相关知识

示教器及时间基准

作为人机交互接口，示教器是操作者在操控机器人时的重要工具，机器人安装完成后，需要对示教器的操作环境进行简单配置，为后续操作做准备。工业机器人集成了各种高精度控制器及元器件，集成度很高，操作者往往无法自主清晰研判工业机器人各内部组件所处状态，为了便于操作与日常维护维修，工业机器人系统带有监控系统，用于监视各元器件的运行状态及系统的运行信息，并将信息实时显示在示教器的显示屏上。机器人控制器是有时间基准的，为了便于故障分析与研判预测，这个时间基准应与实际时间是一致的，如不一致，需要进行系统日期和时间设置，以保证机器人的运行历史档案真实可追溯。另外在 RFID 读写器应用中，机器人会通过 RAPID 编程在读写器中写入日期（date）和时间（time），用以记录某成品工件的入库时刻，留作加工作业记录，机器人在此过程中写入的是机器人系统时间，这也要求机器人系统时间需与实际时间一致，否则记录将失去留存意义和参考价值。

项目任务

任务一　设置示教器语言

一般示教器默认的显示语言是英语，以 ABB 示教器为例，如果操作者需要修改语言，操作步骤如下。

① 将运行模式改为手动模式；

② 点击示教器显示屏左上角"菜单"，选择"Control Panel"，点击"Language"，选择熟悉的语种，点击"OK"即可完成配置，操作详细步骤如图 2-1 所示。

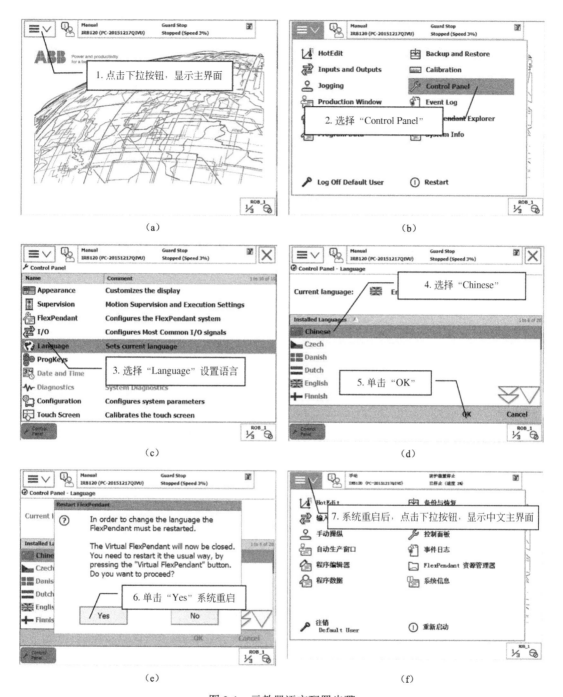

图 2-1 示教器语言配置步骤

任务二 设置系统日期、时间设置和示教显示器外观

（1）设置系统日期、时间

工业机器人会详尽记录每个运行状态信息，也称为事件日志，即关于什么时间发生了什

么事件的详细记录，包含日期和时刻，如图 2-2 所示，为此，在使用之前，首先要对工业机器人进行系统日期和时间设置。

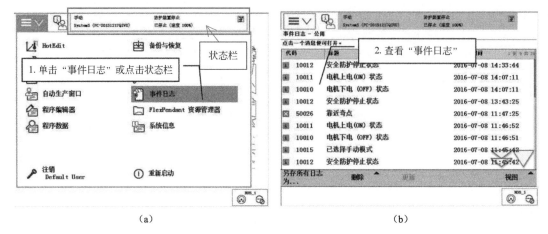

（a） （b）

图 2-2 系统状态信息与事件日志

如图 2-3 所示，点击"控制面板"，选择"日期和时间"，通过点击"+""-"号调整对应项数值，最后点击"确定"，即完成系统日期和时间的设置。

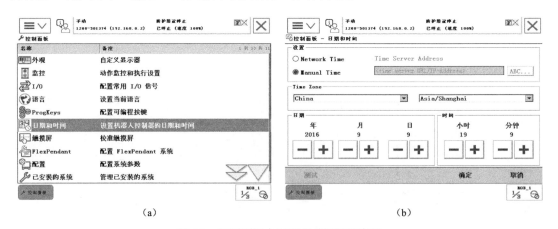

（a） （b）

图 2-3 控制面板中日期和时间设置步骤

（2）设置示教显示器外观

点击示教器"控制面板"，选择"外观"，可以自定义显示器亮度以及左右手操作习惯，如果操作者习惯使用左手操作屏幕，可以设置将显示器画面旋转 180 度以适应自身习惯。调节亮度则能够使示教器在不同的操作环境中始终保持较高的使用舒适度。

❖ 项目练习与考评

工业机器人基本参数设置训练

（1）训练目的

通过本项目实操训练，熟悉示教器基本参数的设置方式，为后续的示教器操作打下基础。

（2）训练器材

工业机器人　　1 套

（3）训练内容

① 练习示教器语言设置；

② 练习系统日期和时间设置；

③ 练习显示屏外观设置；

④ 练习查看事件日志。

（4）项目考评

工业机器人基本参数设置考核配分及评分标准如表 2-1 所示。

表 2-1　工业机器人基本参数设置考核配分及评分标准

项目环节	技术要求	配分	评分标准	得分
语言设置	熟练操作，正确设置	25 分	1. 又快又好得 25 分； 2. 操作有瑕疵酌情扣分	
系统日期和时间设置	熟练操作，正确设置	25 分	1. 又快又好得 25 分； 2. 操作有瑕疵酌情扣分	
外观设置	熟练操作，正确设置	25 分	1. 又快又好得 25 分； 2. 操作有瑕疵酌情扣分	
查看事件日志	熟练操作	25 分	1. 又快又好得 25 分； 2. 操作有瑕疵酌情扣分	

思考与讨论

1. 如何进行语言配置？

2. 如何配置系统日期和时间？

项目三　**工业机器人通信**

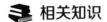 相关知识

ABB 标准 I/O 板 DSQC652

ABB 机器人控制柜上提供丰富的通信接口，便于和其他设备进行通信。ABB 机器人通信常采用的总线有 DeviceNet, PROFIBUS, PROFINET, PROFIBUS-DP, EtherNet/IP 等。DeviceNet 是一种应用在自动化技术领域的开放式现场总线标准，是一种连接工业设备的通信链路，为连入链路的各设备之间提供便捷高效的通信。DeviceNet 通信是 ABB 机器人标配的总线类型，其他的 I/O 通信方式或数据通信方式均需根据实际需求另行选配。工业机器人本体 1 轴基座的 DeviceNet 电缆将数字 I/O 信号线引入控制柜的 I/O 板，进行信息交互，I/O 通信板与机器人共同下挂在 DeviceNet 网络中，可以很方便地互通信息，在通信时以"地址"作为各自身份标识，同一个通信网络中的设备地址不可以重复。ABB 标准 I/O 通信板有 DSQC651、DSQC652 等，属于 DeviceNet 类型的板卡，这里介绍较为常用的 DSQC652。

（1）DSQC652 外观

DSQC652 包含 16 位数字量输入，16 位数字量输出，外观如图 3-1 所示，其中"1"和"2"所指示部分分别为数字量输出接口"X1"和"X2"，"X1"和"X2"均有 10 个接口，接口编号均为 1～10；"4"和"5"所指示部分分别为数字量输入接口"X3"和"X4"，"X3"和"X4"均有 10 个接口，接口编号均为 1～10。"3"所指示部分为 DeviceNet 接口"X5"，用于确定该板卡的通信地址。"6"所指示部分为状态指示灯，用以显示该板卡运行状态。

（2）接口端子

DSQC652 板上有紧固螺钉，如图 3-1 所示，可以将板卡紧固安装，在某些情况下，考虑到安装环境的特殊性，例如在 IRC5 紧凑型控制柜中安装 DSQC652 板时，出于整体安装空间较为紧凑以及合理化布局的综合考虑，往往会将 DSQC652 板进行拆分重组，形成如图 3-2 所示的新结构，图 3-2（a）是图 1-22 中加粗矩形框部分的正视图，IRC5 控制柜中间有一部分内凹的未封装的窄槽，窄槽实物图如图 3-2（b）所示，（b）图即为图 1-22 的局部聚焦图，窄槽有 3 个垂直于地面的内表面，图 1-22 矩形框部分即是窄槽 3 个内表面中的左侧面，其中"左"是以图 1-22 中观察者的左右手为基准而言的，即图 1-22 中的观察视角向俯视逆时针方向转动 90 度便可以看到图 3-2（a）的画面。

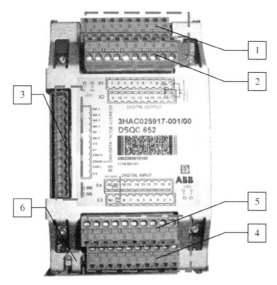

图 3-1　DSQC652 板实物

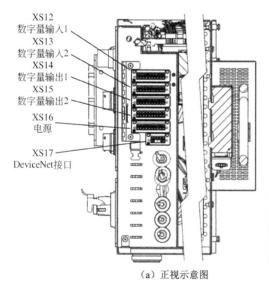

XS12
数字量输入1
XS13
数字量输入2
XS14
数字量输出1
XS15
数字量输出2
XS16
电源
XS17
DeviceNet接口

（a）正视示意图　　　　　　　（b）实物图

安装在控制柜
里的 DSQC652

图 3-2　安装在 IRC5 控制柜里的 DSQC652

　　重组后的 DSQC652 与整个控制柜 IRC5 融为一体，接口端子排虽然还是不变的，但名称上做了调整，这是为了与控制柜整体接口编号融合一致。XS12 就是原 DSQC652 的 X3，XS13 就是原 DSQC652 的 X4，XS14 就是原 DSQC652 的 X1，XS15 就是原 DSQC652 的 X2，XS16 是 24V/0V 电源接口，可供 XS12～XS15 接口取电，XS17 就是原 DSQC652 的 X5。

　　XS17 作为 DeviceNet 接口，用来定义该 I/O 板卡在 DeviceNet 网络中的通信地址，共包含 12 个接口端子，接口端子释义如表 3-1 所示。

表 3-1　XS17 接口各端子介绍

XS17 端子编号	使用定义
1	0V（黑）
2	CAN 信号线 Low（蓝）

续表

XS17 端子编号	使用定义
3	屏蔽线
4	CAN 信号线 High（白）
5	24V（红）
6	I/O 板地址选择公共端 GND
7	板卡 ID Bit0（LSB）
8	板卡 ID Bit1（LSB）
9	板卡 ID Bit2（LSB）
10	板卡 ID Bit3（LSB）
11	板卡 ID Bit4（LSB）
12	板卡 ID Bit5（LSB）

其中前 5 个端子为 CAN 信号、电源线接口、屏蔽线，后 6 个端子才是定义地址的端子，6 号端子为公共接地端。将断了部分引脚的排状接头插入后面 7 个接口端子，如图 3-3 所示，假设断掉的是 8 号和 10 号引脚，未断引脚的插头（6 号、7 号、9 号、11 号和 12 号）插入后，金属引脚便将 6 号、7 号、9 号、11 号和 12 号端子等电位了，且 6 号端子是接地公共端低电平，相当于这些端子的 ID Bit 值均为 0，而 8 号和 10 号端子由于引脚断掉而保持了高电平，相当于其 ID Bit 值为 1，从而后 6 位地址端子便形成了一个 "001010" 特征地址信息，DeviceNet 网络采集该信息并将其识别为 $2^1+2^3=10$ 的地址，这便是该 I/O 板卡在 DeviceNet 网络中的唯一地址，相当于身份识别码，便于多设备之间通信。如果想要获得 15 的地址，断开 7~10 号引脚即可。地址是操作者自行定义的，I/O 板地址可用范围是 10~63，因为地址 0~9 被系统预保留下来自用了，所以一般来说 I/O 板地址都是从 10 开始的，10~63 范围内可自由选择，但需要保证通信网络中不同设备间地址必须是唯一的，不可彼此重复。

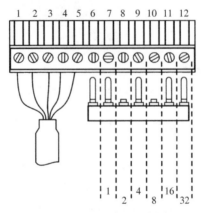

图 3-3　XS17 端子示意图

XS16 是控制柜特意为 I/O 板卡设置的专用电源接口，距离近，方便取用，XS16 同样有10 个接线槽，接口的端子示意图如图 3-4 所示，从 1 脚到 10 脚交替为 24V 和 0V，其中 24V 为红色外皮，0V 为黑色外皮。XS16 是电源供应口，XS12~XS15 接口的输入输出回路的电源均就近取自 XS16。

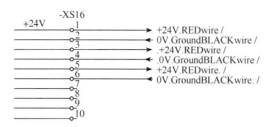

图 3-4　电源接口 XS16 端子示意图

以 XS12 接口为代表来介绍数字量输入接口的各端子，示意图如图 3-5 所示，1～8 号端子依次连接输入信号线，9 号端子连接外界 0V 电源，可直接就近由 XS16 取用，10 号端子悬空不用。数字量输入接口的连接方式示意图如图 3-6 所示，从右至左依次为 1 号到 10 号端子。假设开关一端连接在 XS12 的 1 号端子上，另一端连接在 24V 正极电源上，此 24V 正极电源可直接从 XS16 接口取用；将 9 号端子连接至 0V 电源，同样可以直接由 XS16 取用，当线路接通时，24V 电源便被引入 1 号端子，与 9 号端子之间形成 24V 电位差，输入接口是 PNP 类型，即高电位有效，因此此时 1 号端子高电位有效，为激励态，机器人便可以了解到该外部控制按钮被按下的信息，输入信号是机器人获取外界信息或指令的工具媒介，例如物料到位信息、启动按钮动作信息等。

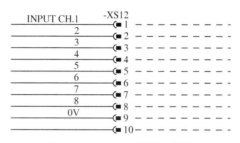

图 3-5　XS12 各端子示意图

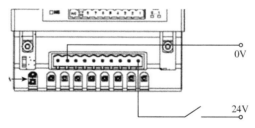

图 3-6　数字输入接口连接方式示意图

其他 7 个输入端子的连接方式和 1 号端子是完全一致的。

以 XS14 为代表来介绍数字量输出接口的各端子，示意图如图 3-7 所示，1～8 号端子依次连接输出信号线，9 号端子连接外界 0V 电源，10 号端子连接外界 24V 电源，9 号端子和 10 号端子是 XS14 的电源接入口，可直接就近由 XS16 取用电源，数字量输出接口的连接方式示意图如图 3-8 所示，从左至右依次为 1 号到 10 号端子，以指示灯为例，假设指示灯一端连接在 XS14 的 1 号端子上，另一端连接在 9 号端子上，当机器人将 1 号端子置于激励态时，作为 PNP 型的输出接口，同样是高电平有效，因此此时 1 号端子便被置于与 10 号端子等电位的 24V 电位，则指示灯一端是 24V，另一端是 0V，相当于通过 1 号端子和 9 号端子将 24V

电压加在指示灯两端，有闭合回路，有电压，电流就会流过指示灯，指示灯亮起，由此体现出输出信号对外界设备的控制过程。

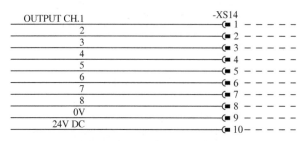

图3-7　XS14各端子示意图

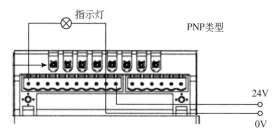

图3-8　数字输出量接口连接方式示意图

其他7个输出端子的连接方式和1号端子是完全一致的。

XS13接口端子情况同XS12，XS15接口端子情况同XS14，读者可自行对应。I/O板卡内部接线均已完成，只需按照图3-6和图3-8所示方式完成外部接线即可。

另外说明一点，图3-6和图3-8中的I/O板卡示意图所用均为DSQC651的图片，并非DSQC652，但在接口端子连接方式上两种板卡并无区别，只是在I/O个数上有所不同，DSQC651是8个数字量输入、8个数字量输出、2个模拟量输出的I/O结构。

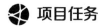 项目任务

ABB标准I/O板卡信号配置

完成I/O板卡各端子接线，仅仅是实现了通信的硬件结构基础，对于导线中的DI、DO信号，还是无法被机器人识别，更不会明白该信号的意义和作用，也就是无效信号、未定义信号，无法对其进行任何操作，例如置位和复位操作，这时候需要在示教器系统内对I/O信号进行定义配置，也就是将软硬件对应起来，让机器人操作系统认识这些变量，继而可以采集和控制这些变量，实现机器人与外界的信息交互和支配操控。

（1）I/O板卡配置步骤

这里以DSQC651板为例介绍ABB标准I/O板卡配置步骤，打开"菜单"，选择"控制面板"，点击"配置"，双击"DeviceNet Device"，打开后查看在DeviceNet架构下可以与机器人互联通信的设备，如果是空白页面，意味着目前尚无这样的设备，即I/O板卡目前还不能被机器人识别。单击"添加"进入配置界面，由于是标准I/O板卡，因此点击下拉三角形

选择来自模板的值，可以将参数直接导入，在这里选择示例 DSQC651，真实的配置过程中，软件上的配置应以硬件实物为准，实物是什么型号，这里就选择什么型号。如果控制柜上的 I/O 板卡是 DSQC652，则此处应选择 DSQC652。

选中后该板卡的许多默认参数会自动出现，接下来可以修改板卡在系统内的"name"，名字可以自定义，为便于识别，通常以"board+板卡通信地址"的格式命名，例如"board10"表示地址为 10 的板，"name"设置完成后，下拉找到"Address"，将其设置为 10，点击"确定"后选择"是"即完成对 DSQC651 板卡的配置，DSQC651 已经是机器人可识别的 I/O 板卡了。"Address"不可随意设置，应依据实际情况进行设置，根据板卡 DeviceNet 接口插头上断掉的针脚计算出的通信地址是多少，这里就应该配置为多少，只有这样，机器人才能够依据地址准确定位到该 I/O 板卡，"Address"与实物板卡一一对应。I/O 板卡的配置步骤如图 3-9 所示。

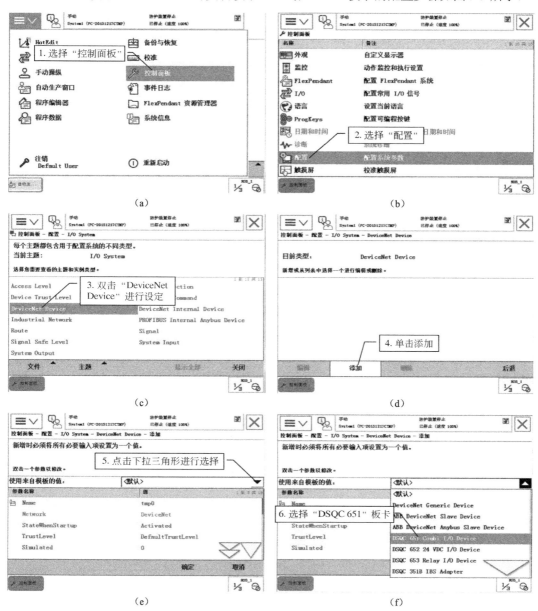

图 3-9

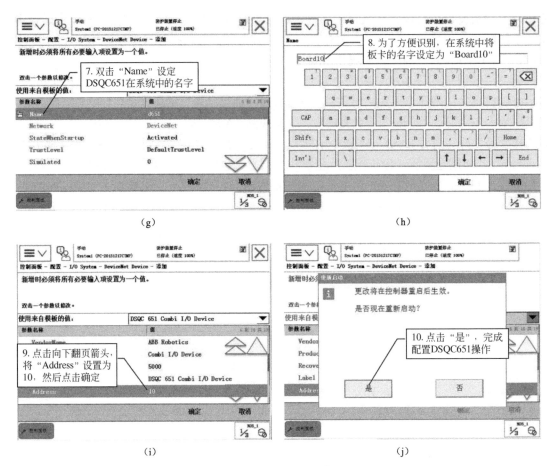

（g）　　　　　　　　　　　　　　　　（h）

（i）　　　　　　　　　　　　　　　　（j）

图 3-9　I/O 板卡配置步骤

（2）数字量输入信号 DI 定义

完成 I/O 板卡的配置后，仍然不能采集和控制该板卡上的各种输入输出信号，只有对各信号进行了配置，机器人才能在具体的 I/O 板卡上识别到具体的信号，才能真正实现信息交互。

下面仍以 DSQC651（就是上文中的 board10）为例，介绍数字量输入信号 DI 的定义步骤。在示教器的"配置"中选择"Signal"，在打开的界面中可以看到目前系统内已定义的信号，然后选择"添加"，在打开的页面中看到了新添加变量的各种参数，双击"Name"后自定义新信号的名字，接着双击"Type of Signal"后选择"Digital Input"，双击"Assigned to Device"选择该信号关联于哪个 I/O 板卡，应选中"board10"，再向下找到"Device Mapping"来明确是 board10 上的具体哪个信号，设置为"0"，这个"0"是信号地址，"0"表示该信号是I/O 板"board10"上的数字量输入接口的第 1 个端子上所接导线对应的信号，就是图 3-6中按钮所接端子的信号，如上文所述，当按下该按钮时，1 号端子高电平有效，处于激励态，被机器人系统检测到后，在机器人系统内与之关联的"di1"变量值就是 1，否则就为 0，机器人通过监视变量"di1"的数值就可以获取 1 号端子所连接的按钮是否被按下的信息。"10"是板卡的地址，"0"是板卡上信号的地址，类似单元号与门牌号的关系，通过两个地址机器人可以锁定某一块板卡上的某个信号。最后点击"确定"即完成一个数字量输入信号在机器人系统内的定义，再次打开"Signal"界面，就可以查看到新定义的"di1"，此后机器人系统便可以识别和使用该信号。数字量输入信号在机器人系统内的定义步骤如图 3-10 所示。

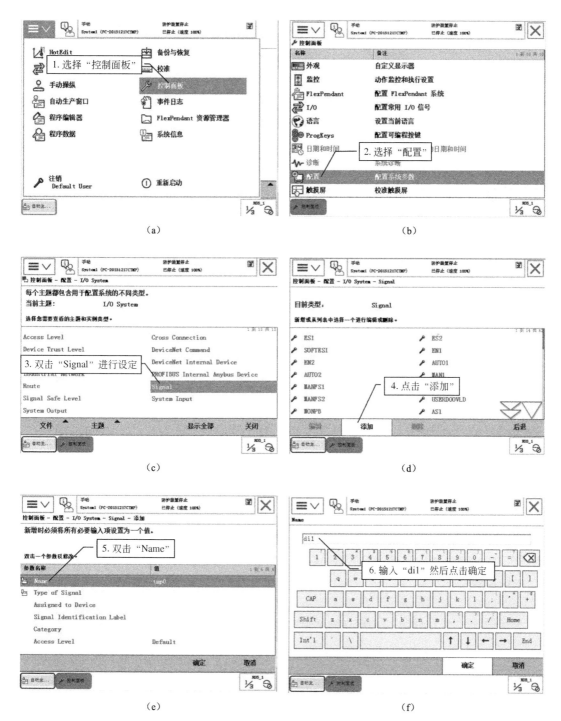

图 3-10

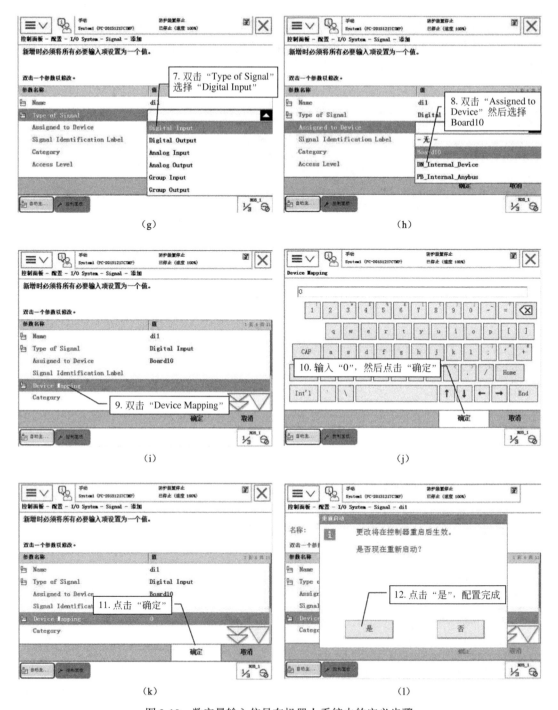

图3-10 数字量输入信号在机器人系统内的定义步骤

I/O 板卡上的每个信号端子都有自己唯一的地址，以 DSQC651 为例，总共 8 个数字量输入、8 个数字量输出、2 个模拟量输出，每个端子的地址如表 3-2、表 3-3、表 3-4 所示。其中模拟量输出信号占用地址 0～31，因此首个数字量输出信号地址为 32。其他的 I/O 板卡同理，在定义其信号时，需首先明确该板卡所有 I/O 信号的分配地址，然后在机器人系统中的"Device Mapping"选项中对应填写即可。

表 3-2　DSQC651 数字量输入端子分配地址表

端子编号	使用定义	分配地址
1	Input CH1	0
2	Input CH2	1
3	Input CH3	2
4	Input CH4	3
5	Input CH5	4
6	Input CH6	5
7	Input CH7	6
8	Input CH8	7
9	0V	
10	未使用	

表 3-3　DSQC651 数字量输出端子分配地址表

端子编号	使用定义	分配地址
1	Output CH1	32
2	Output CH2	33
3	Output CH3	34
4	Output CH4	35
5	Output CH5	36
6	Output CH6	37
7	Output CH7	38
8	Output CH8	39
9	0V	
10	24V	

表 3-4　DSQC651 模拟量输出端子分配地址表

端子编号	使用定义	分配地址
1	未使用	
2	未使用	
3	未使用	
4	0V	
5	模拟量输出 AO1	0～15
6	模拟量输出 AO2	16～31

（3）数字量输出信号 DO 定义

数字量输出信号的定义与数字量输入信号的定义大同小异，仍然以 DSQC651 为例，在定义步骤上的不同之处在于"Type of Signal"，应选择"Digital Output"，"Name"选项可以简单命名为"do1"，也可以将该信号的内涵信息体现在"Name"中，例如电磁阀 YV1 的控制信号，在机器人系统中被命名为"YV1"，便于操作者明确该信号的含义，一目了然。"Device Mapping"选项设置为 32，表明 do1 信号就是 DSQC651 板卡数字量输出接口的第一个端子所接导线对应的信号，即图 3-8 中指示灯所接端子的信号，如前文所述，当机器人将信号"do1"置位时，与之关联的 1 号端子便处于激励态，高电平有效的 1 号端子便被置于与 10 号端子等电位的 24V 电位，指示灯亮起，机器人通过对信号"do1"的置位和复位操作，便可实现对外界设备运行状态的控制。数字量输出信号区别于数字量输入信号的定义步骤如图 3-11 所示。

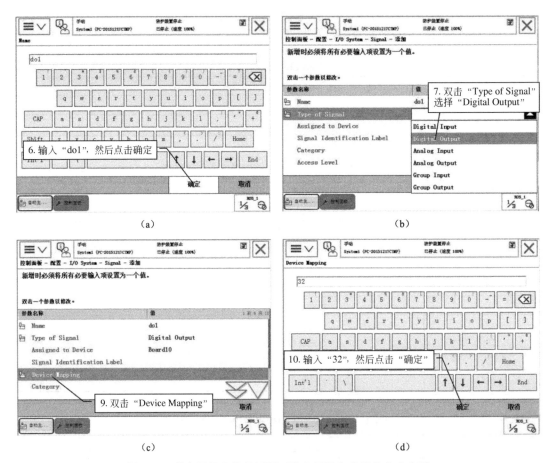

图 3-11　数字量输出信号区别于数字量输入信号的定义步骤

　　按照上述方法，可完成某一块已被配置的 I/O 板卡的信号定义，根据实际需要定义一定数量的 DI/DO 信号即可。

（4）系统输入/输出与 I/O 信号的关联

　　系统信号是机器人系统自带的信号变量，无需另行定义，例如系统输入信号"Motors On"，名字清晰表明该信号内涵是"电机上电"，当该信号为 1 时，机器人系统采集并识别后，将立即执行上电操作。将数字量输入信号与系统输入信号关联起来，便可以很方便地利用外部设备操控机器人系统，实现机器人电机上电、程序初始化等控制功能。如图 3-12 为系统输入信号与 DI 信号的关联步骤。选择"System Input"，点击"添加"，在打开的界面中双击"Signal Name"并选中已被定义的"di1"，在"Action"选项中假设选择"Motors On"这一动作，信号关联后，当"di1"为 1 时，机器人系统将立刻执行"Motor On"的动作。

　　如果从第 3 步开始选择"System Output"，则继续向下就是系统状态信号与 DO 信号的关联操作了，操作步骤如图 3-13 所示。"Signal Name"选择"do1"，"Status"假设选中系统状态信号"Emergency Stop"，便将系统状态信号"Emergency Stop"与"do1"关联起来了，则当系统处于紧急制动状态时，与之关联的"do1"便被置 1，将这激励态向外输出到外部设备，使外部设备获取机器人系统目前正处于紧急制动状态的信息，可做进一步控制或警示之用。

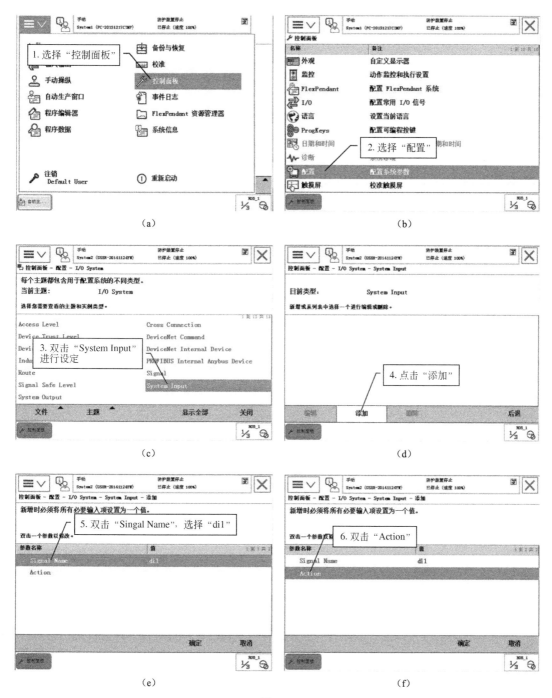

图 3-12

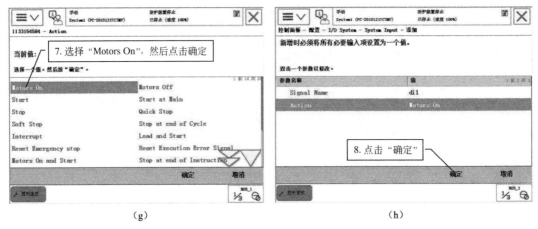

图 3-12　系统输入信号与 DI 信号的关联步骤

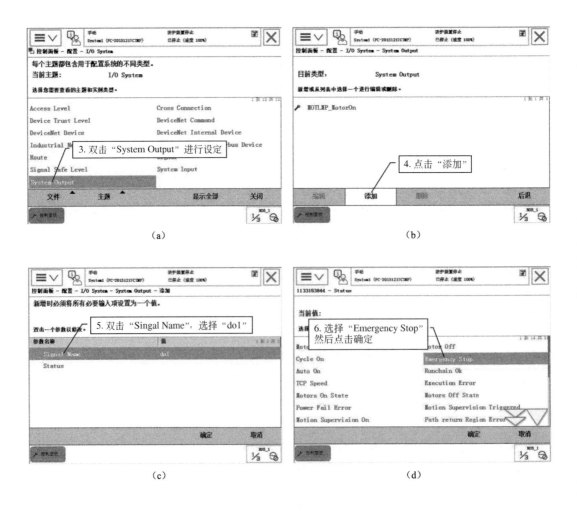

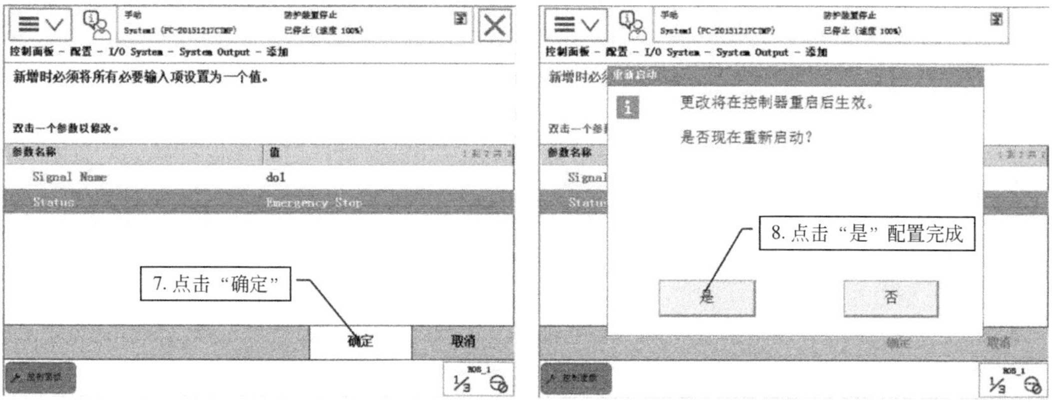

（e）　　　　（f）

图 3-13　系统输出信号与 DO 信号的关联步骤

项目练习与考评

DSQC651 板卡及信号配置训练

（1）训练目的

通过练习，扎实掌握与 ABB 标准 I/O 板卡配置相关的知识、操作技能，达到理解原理、熟练操作的学习目标，为后续学习打下基础。

（2）训练器材

工业机器人　　1 套

（3）训练内容

① 练习 DSQC651 板卡配置操作；

② 练习数字量输入信号 DI 的定义操作；

③ 练习数字量输出信号 DO 的定义操作；

④ 练习系统输入/输出信号与 I/O 信号的关联操作。

（4）训练考评

DSQC651 板卡及信号配置考核配分及评分标准如表 3-5 所示。

表 3-5　DSQC651 板卡及信号配置考核配分及评分标准

项目环节	技术要求	配分	评分标准	得分
DSQC651 板卡配置	熟练操作，正确配置	25 分	1. 又快又好得 25 分； 2. 操作有瑕疵酌情扣分	
数字量输入信号 DI 的定义	熟练操作，正确配置	25 分	1. 又快又好得 25 分； 2. 操作有瑕疵酌情扣分	
数字量输出信号 DO 的定义	熟练操作，正确配置	25 分	1. 又快又好得 25 分； 2. 操作有瑕疵酌情扣分	
系统输入/输出信号与 I/O 信号的关联操作	熟练操作，正确配置	25 分	1. 又快又好得 25 分； 2. 操作有瑕疵酌情扣分	

思考与讨论

1．DSQC651 包含多少数字量输入，多少数字量输出？
2．I/O 板卡的地址如何定义？
3．系统状态信号的含义是什么？

项目四 工业机器人外围设备的安装

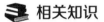

相关知识

外围设备安装中的团队协作

工业机器人搭建完成后，可实现的操作和功能是有限的，只有加上外围设备的配合后，才能发挥出机器人更强大的控制功能。我们每个人也是这样，单独个体的才华和能量是有限的、单一的、片面的，当我们组成一个团队，在团队中每位队员各有特点，各有擅长，则聚集起丰富多元的智慧，碰撞出强大的能量与火花，最大限度地延伸个人能量的边界，拔高个人成就的天花板。工业机器人工作站包含工业机器人、PLC、相机、仓库、自动供料等组件，每一个组件都不可或缺，每一个组件的功能作用都是特别的、必需的，在工作站内各司其职，各主所长，大大拓宽机器人触角的范畴与规模，共同为智能制造和无人产线助力赋能，实现更高级别的自动化系统作业。团队的加倍作用，就像一个人真的获得了三头六臂，延伸了感官五觉，在日常生活和学习中，我们应当重视团队的力量，团队作战，合作共赢。

在一个团队中，成员彼此之间应相互信任，相互仰仗，相互欣赏，相互成就，这才是良性的欣欣向荣的团队氛围；所有人为了一个共同的目标去努力，不遗余力，不计得失，每个人将自己的一技之长毫无保留地贡献出来，尺有所短，寸有所长，大家都做自己擅长的，分工协作；协作意识就是将团队成员的闪光点和优势拼在一起，形成一个团队作品，作为集体的智慧结晶，最终共同分享胜利的果实，或者总结失败的经验，从中汲取营养，向下一个目标继续前进。协作意识可以使得团队越来越有凝聚力和韧性，帮助团队攻坚克难，行稳致远。

项目任务

任务一 外围设备的机械安装

本项目主要以 ABB 工业机器人应用编程工作站为例，其他类型工业机器人工作站的搭建与之大同小异，可以类比参考。本工作站可以实现工件装配、搬运、识别、码垛以及绘图等功能，可满足高职院校工业机器人技术专业学生的日常教学实训需求，也可服务于"1+X"证书相关内容的培训与考核。工作站采用模块化结构，自由搭配，灵活便捷，根据实际需求，自主增减模块，调整项目难易程度以应对不同使用场景。该工作站包含快换工具模块、仓库模块、井式供料模块、传送带模块、HMI触摸屏模块、视觉模块、变位机模块、旋转供料模块等外围设备。除HMI触摸屏和视觉模块以外，其他模块均有一个一体成形的方形底座，底座上有手把，安装时抓握手把按照布局图将整个模块直接放置在合适的位置即可。在安装面板上加装有限位卡条，各模块放置时，底座卡紧在限位卡条限定的区域内，从而保证各模块在各自位置上不移位、不易翻倒。

　　如图4-1所示，安装台面上共有4个电气集成接口，分别是通用接口"EXIO1""EXIO2""EXIO3"以及专用接口，每个集成接口包含若干个接线口，每个接线口的针脚数目及功能各不相同，为安装台面上的各模块提供多重接线选择，例如通用接口中的接线口通常为24V电源口、I/O信号口等，电气布线时可作为外围设备与控制单元互通的关卡、中转站，是外围设备与控制单元之间的电气联通纽带，上传下达，将I/O信号和电源集中于此，再向控制单元或外围设备输送和分配，便于快速布线与逻辑梳理，且有利于布线规范化、整齐划一。通用接口无特殊功能，使用无差别，如取用24V电源、I/O信号传输等，选用时遵循就近原则即可；专用接口是为特定电缆量身定制的，专口专线，不可混用，接线时一定要严谨识图，照图接线。

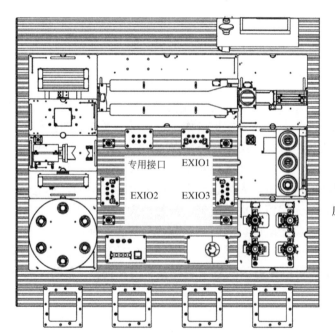

"1+X"工业机器人
应用编程工作站布局

图4-1　工作站布局示意图（俯视）

（1）快换工具模块的机械安装

　　快换工具模块如图4-2所示，是机器人末端工具执行器的集中存放位，共有4个存放位，分别放置直口工具、弧口工具、吸盘工具、画笔工具。机器人运行时，针对不同的作业环节，所使用的工具会有不同，将各作业环节的工具集中码放，可以达到快速更换便捷操作的目的。

模块底座上的支架在搭建时需要使用内六角扳手拧紧螺钉，支架的平衡三角块需要分别与支架和底座锁紧固定，该模块有两个电缆接头，即 KHDIO-CN1 和 KHDIO-CN2，每个接头需要 4 个螺钉在接头四角将其与底座锁紧固定，操作时均需使用内六角扳手。在图 4-3 中还可以看到 4 个传感器固定在支架上，传感器一般需要两个紧固螺钉将其锁紧，操作时通常使用螺丝刀或内六角扳手。

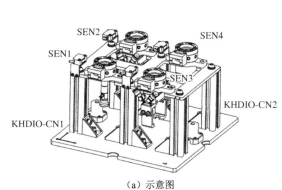
（a）示意图

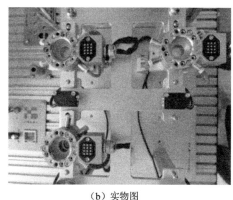
（b）实物图

图 4-2　快换工具模块

（2）仓库模块的机械安装

仓库模块通常用来码放工件，如图 4-3 所示，包含 6 个工位，分布在双层支架上。首先将支架固定在底座上，需使用内六角扳手借助直角固定片拧紧支架的紧固螺钉，直角固定片如图 4-4 所示，然后在支架上加装平衡三角块以增强支架稳定性，每层支架托盘有 3 个工位，每个工位上安装一个传感器，工位底部是镂空的，自工位上方俯视，可以看到工位下方露出的传感器，每个传感器通过两个紧固螺钉固定在工位下方，该模块有 1 个电缆接头，同样在其四角上用紧固螺钉将其固定在底座上。

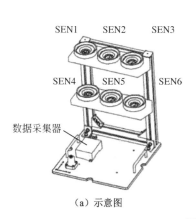
（a）示意图

（b）实物图

图 4-3　仓库模块

图 4-3 中在手把和电缆接头旁边可以看到一个方块状元件，这是数据采集器，实物图如图 4-5 所示，用来收集 6 个工位传感器的信号并集中传输给 PLC 进行分析处理，在图中可以看到数据采集器的紧固螺钉，使用内六角扳手拧紧紧固螺钉将其固定在底座上即可。

图 4-4　直角固定片

图 4-5　数据采集器实物图

（3）井式供料模块的机械安装

井式供料模块是推送物料的模块，如图 4-6 所示，有一个 T 型支架，首先利用直角固定片将 T 型支架锁紧固定在底座上，然后将圆筒状货仓底板架空固定在 T 型支架一侧，由两块固定连接片将圆筒状货仓支起来，使得圆筒状货仓底部与 T 型支架之间存在一定空间，圆筒状货仓底板中心沿着圆筒边沿是挖空的，因此从圆筒顶部投下一个工件，工件会最终掉落在 T 型支架上，圆筒状货仓形似"井"，故称其"井式"，而供料则是依靠位于 T 型支架另一侧的气缸伸缩实现的，气缸由紧固螺钉将其固定在 T 型支架上，气缸的活动部件末端通过 4 颗紧固螺钉加装一个长长的推手，气缸推手伸出时可推动掉落在 T 型支架上的工件弹至下一个模块，当井式货仓内堆叠若干工件时，每次气缸动作，位于最下方的工件会被推走，随着气缸推手不断推动，工件被逐一推入下一个模块，井式货仓内工件高度逐步下落，直至工件全部被输送完毕。控制气缸伸缩需要一个电磁阀，电磁阀 YV1 由两个紧固螺钉将其锁紧固定于 T 型支架的柱身，与气缸距离较近，便于布线。本模块有一个电缆接头，在电缆接头的四角使用 4 颗紧固螺钉将其锁紧固定在底座上。紧固螺钉的锁紧操作同样使用内六角扳手或螺丝刀即可完成。

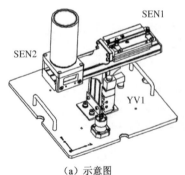

（a）示意图

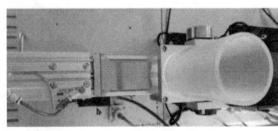

（b）实物图

图 4-6　井式供料模块

（4）HMI 触摸屏模块的机械安装

HMI 触摸屏是人机交互窗口，可以显示工件信息及运行状态，也可以触屏下达运动命令。触摸屏没有底座，且属于成品封装，因此机械安装较为简单，通常在安装台位上会预留一个HMI 专属安装位，将触摸屏嵌入即可。

（5）传送带模块的机械安装

传送带模块是井式供料模块的相邻模块，气缸推手就是将工件推到了传送带上。如图4-7所示，传送带被固定在4个立柱上，为了保证工件被运送到皮带末端时能够处于预定的位置，在皮带两侧加装了两个挡板用来规划工件输送轨迹，在入口处呈现敞口姿态，包容被气缸推手推上来的工件，皮带运行起来后，工件就被挡板收拢在既定轨道，到达终点既定位置。终点处和入口处分别安装一个传感器，用以获取工件位置信息，皮带的驱动部分包括三相异步交流电机与齿轮组，其中三相异步交流电机外观如图4-8所示，机身上方是接线端子盒，左侧为电机输出转轴及法兰，电机输出侧法兰四角上有四个安装孔，在安装时使用直角安装脚，外观如图4-9所示，在其连接面四角上也有四个安装孔，将电机输出侧法兰上的安装孔与直角安装脚上的安装孔对齐后使用螺钉螺母将二者紧固为一体，再通过直角安装脚另一直角边上的螺纹孔将其锁紧固定于安装位置上即可，同时为了增强驱动电机的装配稳定性，如图4-7（a）所示，在传送带入口端的下方安装一个驱动电机加固座，就是一个金属矩形框，将驱动电机的接线端子盒嵌套入矩形框内，为驱动电机增加受力支点，提高其稳定性。驱动电机的输出转轴套在输入齿轮上，为齿轮组变速提供初始转速，经变速后将最终转速传递至传送带的动力轮，带动传送带开始工作。本模块也有两个电缆接头［PDDIO-CN1（M9）和AV1-CN1a（M15）］紧固安装在底座上，其中PDDIO-CN1（M9）用于传递传感器的DIO信号，AV1-CN1a（M15）用于传递三相交流电机的能量及参数信息。安装操作同样为使用内六角扳手紧固底座四角上的螺钉。

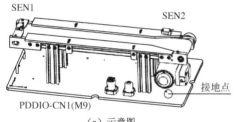 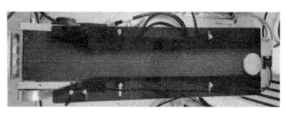

（a）示意图 　　　　　　　　　　　　（b）实物图

图4-7　传送带模块

图4-8　交流电机外观图　　　　　图4-9　直角安装脚外观图

（6）视觉模块的机械安装

视觉模块主要由工业相机构成，工业相机相当于机器人的眼睛，由内含的CCD传感器采集高质量现场图像，通过内嵌的数字图像处理芯片对图像进行运算处理，PLC在接收到相机的图像处理结果后，进行动作输出。视觉模块如图 4-10 所示。工业相机外观如图 4-11 所示。

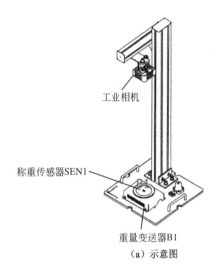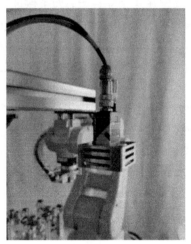

（a）示意图　　　　　　　　（b）实物图

图 4-10　视觉模块

图 4-11　工业相机外观图

　　首先通过直角固定片将倒 L 型支架固定在底座上，相机则安装在支架顶端，借助直角固定片将相机与支架通过紧固螺钉连接为一体，传感器和电缆接头的安装方法同上，使用内六角扳手或螺丝刀将重量变送器四角上的紧固螺钉拧紧以实现其固定安装。

　　（7）变位机模块的机械安装

　　变位机模块可以驱动其操作台面旋转，使原本水平的操作台面变成倾斜面，而倾斜后的操作台面更便于机器人对其上工件进行加工操作。变位机模块示意图如图 4-12 所示，底座上封装两个置物箱，箱内放有伺服驱动电机、编码器、电磁阀等，封装在箱内可以提高模块外观的整洁美观程度，箱体上有电路和气路的接口，满足箱内设备能量与信息的输入输出等交互需求。操作台面被两个置物箱夹在中间，箱体内侧开有连接口，操作台面中心有一根转轴，带着操作台面同速旋转，而该转轴与伺服电机的输出轴之间通过箱体内侧连接口处的联轴器拼装在一起，内外同轴联动，这样伺服电机就可以控制操作台面的转动了，联轴器实物如图 4-13 所示，左侧是轴孔，右侧轴孔在图示视角下被遮挡，该联轴器为夹紧紧固方式，使用内六角扳手拧紧如图所示的并排 4 个螺钉就可以分别锁紧左右两个轴，实现左右两轴的转速共享，同轴联动，无转速差。

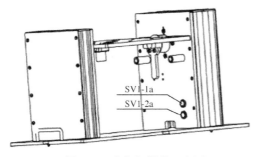

图 4-12 变位机模块示意图

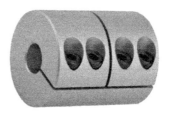

图 4-13 联轴器实物图

在操作台面上另外加装两个子模块——夹爪固定模块和 RFID 模块。夹爪固定模块主要是气缸装置，如图 4-14（a）所示，左侧的夹爪静止部分由 4 颗紧固螺钉将其锁紧在子模块底板上，右侧的气缸活动部件构成夹爪的可动部分，随着气缸伸缩动作，夹爪可完成抓紧和松开工件的操作。气缸安装同样使用内六角扳手拧紧螺钉即可，另外该子模块上有一个电缆接头，安装方法同上。RFID 子模块主要是射频识别器，可通过无线电信号识别特定目标并读写相关数据，而无需识别系统与特定目标之间建立机械或光学接触，用于工件识别与加工时间记录。如图 4-14（b）所示，使用内六角扳手拧紧 RFID 读写器对角位置上的两颗紧固螺钉将其固定在子模块底板上即可。

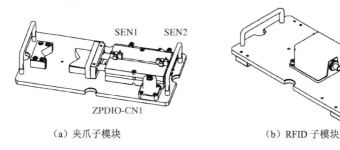

（a）夹爪子模块　　　　　　　　　　　　　（b）RFID 子模块

图 4-14 变位机模块的子模块

图 4-15 所示为加装了夹爪子模块和 RFID 子模块后的变位机模块实物图，其中图 4-15（a）可以观察到两个子模块上的紧固螺钉以及联轴器，图 4-15（b）所示是操作台面的背面视角，可以看到在操作台面的背面有两个电缆接头，紧固安装方法同上。

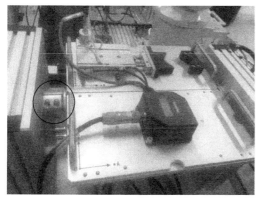

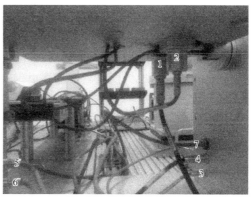

（a）正面　　　　　　　　　　　　　　　　　（b）背面

图 4-15 变位机模块实物图

（8）旋转供料模块的机械安装

旋转供料模块将工件旋转到适合机器人进行夹取的位置后停住，由机器人取走工件。如图 4-16 所示，4 根立柱与底座一体成形，立柱底部加装了平衡三角块以增强立柱稳定性，立柱顶部由 4 颗紧固螺钉固定一块水平板，水平板下方中心固定着步进电机 DRV1-M1，利用步进电机输出法兰上的安装孔实现其固定安装，为模块提供旋转动力。水平板上还安装三个传感器，其中两个传感器均通过直角固定片被安装在水平板上方，如图 4-16（a）中的 SEN1 和 SEN2 所示，分布一左一右，探头朝向转盘，且与转盘间空隙很小，每个直角固定片在水平板上分别使用两个紧固螺钉锁紧，其安装位置应保证传感器所在位置恰好对准图中圆圈所指工位，用以向机器人传递该工位上是否有工件的信息，而传感器 ORG1 则是向步进电机控制端传递转盘转动圈数信息，该装置的安装分为两部分，第一部分是一个金属片，由螺钉将其固定在转盘下，随转盘转动，第二部分是一个探测槽，由螺钉将其固定在水平板上图示位置，当金属片第一次嵌入探测槽内，步进电机控制端认为这是一周的起点，第二次嵌入探测槽时，步进电机控制端认为已经旋转一整周，以此类推，丰富了控制端可获取的步进电机运动信息量。穿过水平板上方就是工件转盘，包含 6 个工位，转盘中心有一根转轴，带动转盘转动，该转轴与步进电机输出轴之间通过联轴器实现同轴联动，从而实现步进电机对转盘的同步控制。以上安装操作均需使用内六角扳手拧紧其安装螺钉。

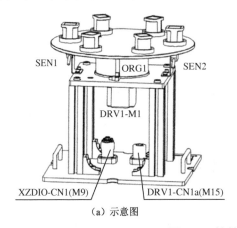 

（a）示意图   （b）实物图

图 4-16   旋转供料模块

任务二   外围设备的电气安装

完成机械安装后，外围设备还需要电气接线才能完成相应动作，配合实现工作站的综合作业功能。该工作站中所有支架、立柱等均采用凹槽式表面设计，便于电气布线，导线可以嵌入凹槽内，使导线尽可能沿着凹槽形成横平竖直的走向，规范导线的轨迹，然后用封条将导线封在凹槽内，封条表面与立柱、支架外表面平齐，整洁美观。

电气安装首先是电气控制板制作，将外围设备所需的电气控制元件按照元件布置图依次固定在控制板上，可以打孔后直接使用紧固螺钉固定，也可以先将 DIN 导轨固定在控制板上，再将元件安装在 DIN 导轨上，电气控制板布局如图 4-17 所示，线槽将电气控制板大致分为 3 个区域，图中各电气元件介绍如表 4-1 所示。

认识封条

图 4-17 电气控制板实物图

表 4-1 电气控制板元件介绍

序号	电气元件	介绍
1	端子排	利用等电位法产生多个 24V 和 GND 电位点供其他设备取用
2	总线耦合器	拓展工作站 I/O 数量
3	PLC 综合控制单元	综合控制各功能模块
4	EXIO 线束	自上而下分别为 EXIO1、EXIO2、EXIO3
5	伺服驱动器	驱动伺服电机
6	步进驱动器	驱动步进电机
7	继电器	控制调速器通电和断电
8	调速器	调节传送带运行速度
9	滤波器	净化输入电源
10	端子排	利用等电位法产生多个 220V（L）和 0V（N）电位点供其他设备取用
11	开关电源	整流降压
12	端子排	利用等电位法产生多个 24V 和 GND 电位点供其他设备取用
13	8 位工业交换机	通信互联

电气元件安装完毕后，接下来就是电气安装，依然以外围设备模块为单元展开介绍。

（1）快换工具模块的电气安装

快换工具模块中电气部分较为简单，仅是 4 个传感器的电气接线，对于三线式传感器，三根线中两根为电源线，在本项目中电源线的线色为棕色和蓝色，相当于传感器的输入线，通常为 24V 直流电，棕色线接 24V，蓝色线接地 GND，另一根是信号线，在本项目中信号线的线色为黑色，相当于传感器的输出线，该模块有 4 个传感器，两个为一组，一组共用一个电缆接头，电缆接头的作用是汇聚导线，相当于集中点，电缆接头紧固于底座，在接头底部的侧边开有拱门状的导线入口，传感器导线自此处进入接头内，在接头顶部集成为插座，等待插头插接，然后使用通用 DIO 电缆将其引至工作站安装台面上的电气集成接口，通用 DIO 电缆两端都是插拔式的插头结构，一端插入模块底座上的电缆接头，另一端插入电气集成接口，实现快速布线，本模块插接的电气集成接口为 EXIO3，就近原则，方便布线，参考电气接线图纸，选择图纸中指定的接线口，插接时应注意查看防呆孔的提示，保证针脚准确插接，其中电缆接头侧（传感器侧）接线图如图 4-18 所示，1 号传感器 SEN1 和 2 号传感器 SEN2 共用一个电缆接头 KHDIO-CN1，接头共有 4 根有效针脚，即 1、2、3、5，其中 2 号针脚接传感器正极电源线，1 号针脚接传感器负极电源线，3 号针脚和 5 号针脚分别接 1 号传感器和 2 号传感器的信号线。3 号传感器和 4 号传感器同理，共用另一个电缆接头 KHDIO-CN2。

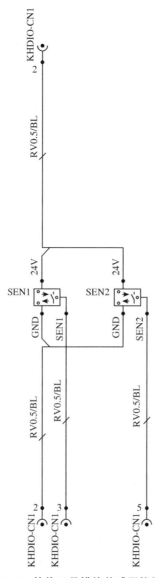

图 4-18 快换工具模块传感器接线图

4 个传感器的连接电缆经两个电缆接头、两根通用 DIO 电缆被接至两个电气集成接线口，电气集成接线口相当于电路中转站，出于设备布局综合考虑，该工作站采用箱式结构，各外围设备模块放置在控制箱的上表面，而电气控制板、气路及机器人控制柜等均内置于箱内，关闭箱门后整个工作站看起来简洁美观。设备在箱外，控制机构在箱内，电气电缆需要穿箱而入，电气集成接口就是箱内外的电缆出入口，既使得电路有序整洁，又为后续检修排故提供操作上的便利。

电缆自电气集成接线口向下进入箱内，然后剥出单根导线，其中电源线接入箱内 24V 电源端子而为传感器取电，信号线接入位于电气控制板上的 DeviceNet 总线耦合器而形成"EXDI"信号，"EX"意为 Extra，即"额外的 DI"信号，作为 DI/DO 信号的补充，在现场总线架构下有效扩充了机器人可控制的 I/O 变量的数目，基于本模块的"EXDI"信号，机器人可以掌握快换工具位上是否放置有工具这一信息，依据该信息继而进行下一步针对性动作。

DeviceNet 总线耦合器实物如图 4-19 所示，分为 5 个输入输出模块，分别连接不同类型的输入输出信号，集合了工作站内的各类"EXI/O"信号，本模块传感器信号属于数字量输入信号，对应耦合器的 PIO2 模块，接线时按照接线图连接即可，接线图示例如图 4-20 所示，PIO2 模块包含 16 个接线端子，所接信号线的线号为"EXDI1～EXDI15"以及"KA1_ON"，是来自于"EXIO-CN1""EXIO-CN2""EXIO-CN3"3 股线束的单根导线，该机器人工作站内所有 EXIO 信号被重新汇编为 3 个队列，编号为"EXIO-CN1""EXIO-CN2""EXIO-CN3"，这 3 股线束内导线排布是有编号的，清晰明了，例如图 4-20 中每根导线末端数字"3""7""9"等编号，便于下一步接线，这三大股线束最终被拆分整理后依次接入 DeviceNet 总线耦合器的对应模块，将拆分剥离出的单根导线与接线图对应，一线一号，照图接线，例如 EXIO-CN1 线束中的 7 号导线，线号"EXDI2"，接入 PIO2 模块的 2 号端子，因 PIO2 模块为数字量输入模块，故其接线端子编号为"IN1～IN16"，快换工具模块中传感器的信号线位列其中。接线操作时，使用一字螺丝刀打开自锁的线槽，将传感器信号线插入线槽，然后拔出螺丝刀，线槽重新自锁，即完成接线。

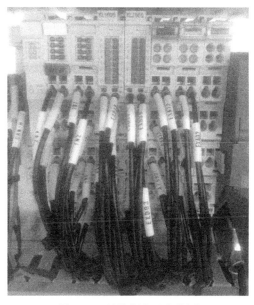

图 4-19　总线耦合器实物图

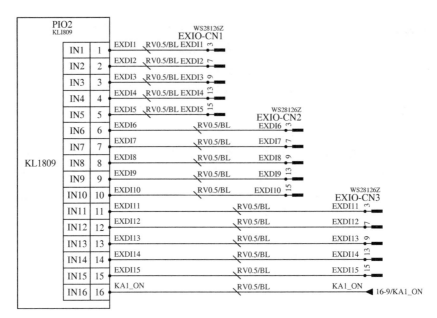

图 4-20　总线耦合器电气接线图示例

（2）仓库模块的电气安装

仓库模块包含 6 个传感器，传感器导线嵌入支架凹槽内向底座处汇聚，所有导线到达底座处进行拆分后接入数据采集器，其中信号线（黑线）依次接入采集器左侧的 DI 输入端子，加上引入 0V 的 GND 导线，采集器左侧共接 7 根导线，0V 取自电源"—"端子；电源线（蓝线和棕线）则是首先用电缆保护套将其裹缠为一体，然后在采集器电源接口处拆分为 24V 线束（棕线束）和 GND 线束（蓝线束），将 24V 线束接入电源接口的"+"端子，GND 线束接入电源接口的"—"端子，而电源接口的"+"端子和"—"端子借助电源电缆经固定于底座上的电缆接头、安装台面上的电气集成接口 EXIO3 进入控制箱体内取电，同时为数据采集器自身以及 6 个传感器提供 24V 电源。网线一端接在数据采集器的以太网接口上，另一端经电气集成接口中转后最终接入工业交换机，这样数据采集器采集到的传感器信号就可以在以太网框架下与连入工业交换机的所有设备共享。

本模块接线操作主要集中在数据采集器上，网线连接较为简单，水晶头插拔即可，传感器导线与采集器端子的连接需要首先使用螺丝刀打开压线螺钉，将导线线芯插入端子后，再使用螺丝刀拧紧压线螺钉，压实导线即完成接线。

（3）井式供料模块的电气安装

井式供料模块的电气接线包括两个传感器的接线以及电磁阀线圈的接线，所有电缆汇聚为一股线束后，经电缆接头连接至电气集成接口 EXIO1 而进入控制箱内，然后再拆分接线，其中传感器的电源线同样被接入箱内电源端子取电，信号线与其他 EXIO 信号一起汇编入"EXIO-CN1""EXIO-CN2""EXIO-CN3"线束，最终接入图 4-19 所示的 DeviceNet 总线耦合器，作为数字量输入信号被连接在图 4-20 中的 PIO2 模块端子上，照图接线，方法同上。电磁阀线圈的 0V 电源线连接在控制箱内 GND 端子上，24V 电源线同样汇编入"EXIO-CN1""EXIO-CN2""EXIO-CN3"线束，最终连接在 DeviceNet 总线耦合器的数字量输出模块 PIO3 端子上，PIO3 与 PIO2 类似，当该端子上信号被置位时，就有 24V 电源被引入电磁阀线圈，气缸因此动作，实现通过输出信号 EXDO 控制气缸伸缩供料的效果。

本模块的接线操作上，DeviceNet 总线耦合器各端子接线操作方法同上，其余端子的接法是使用螺丝刀打开接线端子的压线螺钉，将导线线芯插入端子后，再使用螺丝刀拧紧压线螺钉，压实导线即可。

（4）HMI 触摸屏模块的电气安装

HMI 触摸屏的电气安装首先需要从控制箱内取用 24V 电源，利用两根导线将箱内 24V 电位和 GND 电位分别连接至 L+和 M 端子，为 HMI 触摸屏供电，然后连接网线，一端插入触摸屏的网孔，一端接入 PLC 的网孔即可。

图 4-21 所示 HMI 触摸屏模块加装了一个急停开关 SB1、1 个带灯按钮开关 HSB1 和 1 个停止开关 HSB2，需要为其做电气布线。如图 4-22 所示，SB1 有两组常闭触点端子，入口端子均与 24V 电源相连，出口端子分别连接导线"EMG1"和"EMG2"，这两根导线继续接到哪里在本图中并没有体现，需要在套图的其他页面依据线号查找，一线一号，当在其他图页中找到相同线号时，就可以明确该导线的走向，按照此法，最终寻踪到导线"EMG1"接至机器人控制柜 I/O 板卡的 XS12 模块，作为数字量输入信号，外部急停按钮被按下的信息传递给机器人；导线"EMG2"接至 PLC 输入端子，作为数字量输入信号，外部急停按钮被按下的信息传递给 PLC。电气图中箭头朝外表示信号向外传输，可作为其他设备的输入信号，如图中常开按钮 HSB1 和常闭按钮 HSB2，按钮一端均连接 24V 电源，一旦按钮被按下，会分别产生"STPB"和"SPPB"两根导线上信号的变化；箭头朝内表示外界其他设备的输出信号输送进来用以控制所连接的元件，例如图中指示灯 HSB1 和 HSB2，指示灯一端均连接 0V 的 GND 端子，一旦另一端所接导线"STHL"和"SPHL"中信号被置位，24V 电源即被导线引过来，灯就会亮起。依据线号查找，最终寻踪到"STPB"和"SPPB"两根导线接至机器人控制柜 IO 板卡的 XS12 模块，"STHL"和"SPHL"两根导线接至器人控制柜 I/O 板卡的 XS14 模块，作为数字量输出信号控制着两盏指示灯的状态。操作上，首先使用螺丝刀打开各接线端子的压线螺钉，将导线线芯插入端子后，再使用螺丝刀拧紧压线螺钉，压实导线即可。

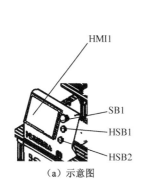 

（a）示意图 （b）实物图

图 4-21 HMI 触摸屏

（5）传送带模块的电气安装

传送带模块的电气部分包括两个传感器接线和交流电机接线。传感器的接线方式同上，信号线经电缆接头"PDDIO-CN1(M9)"以及电气集中接口"EXIO1"最终接入 DeviceNet 总线耦合器的 PIO2 模块，向工作站内设备共享工件在传送带上的位置状态。

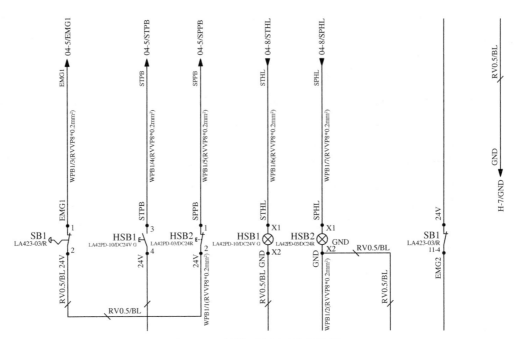

图 4-22　触摸屏按钮开关接线图

　　交流电机侧接线盒内部接线如图 4-23 所示，有 6 根导线，分别是 PE 接地线、U1/U2/Z2 绕组线、S1/S2 内置测速器线，汇聚成一股电缆后由接线口引出，引出后 PE 接地线直接引至图 4-7（a）中所示的接地点，其余 5 根导线经电缆接头"AV1-CN1a(M15)"及电气专用接口的"AV1"接线口进入控制箱内，然后沿线槽行至调速器，电气线槽实物如图 4-24 所示，将 5 根导线依次接入调速器下方接线端子，注意线号一一对应，调速器实物如图 4-25 所示，调速器左侧有一个继电器，继电器线圈的一个端子连接 GND 电位点，另一端则连接一根来自 DeviceNet 总线耦合器 PIO3 模块的导线"KA1-A1"，当该导线的信号为激励态时，24V 电源立即被引入继电器线圈，其常开触点闭合而接通 220V 电位点与"KA1-14"导线，"KA1-14"导线随即与 220V 等电位，而"KA1-14"导线是接在调速器的 L 端子的，调速器 N 端子与端子排的 N 电位点连接，由此随着继电器线圈得电，调速器获得 220V 电源输入，进入工作状态，开始为交流电机绕组供电，电机带电启动，驱动传送带运送工件，而交流电机内置有测速器，通过 S1、S2 端子上导线将测速信息反馈给调速器。继电器上的一根导线"KA1-ON"接在继电器常开触点的一端，常开触点另一端接 24V 电位点，因此当继电器得电而触点闭合时，导线"KA1-ON"便与 24V 等电位，将导线"KA1-ON"的另一端接在 DeviceNet 总线耦合器 PIO2 模块，即可生成一个数字量输入信号向工作站传递传送带已开始工作这一信息。调速器上还有 3 根导线，其中 AV1 端子和 0V 端子分别与 DeviceNet 总线耦合器 PIO5 模块（AO 模块）上输出端子连接，以模拟量来控制交流电机转速，而 0V 端子与 FWD 端子直接短接，控制交流电机运行方向始终是正向的，另外在 U2 和 Z2 端子之间需跨接一个运行电容，以改善电机的启动和运行特性，电容盒在调速器下方。接线操作上，首先使用螺丝刀打开各接线端子的压线螺钉，将导线线芯插入端子后，再使用螺丝刀拧紧压线螺钉，压实导线即可。

图 4-23　交流电机侧接线盒内部接线

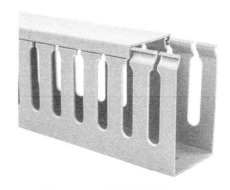

图 4-24　电气线槽实物图

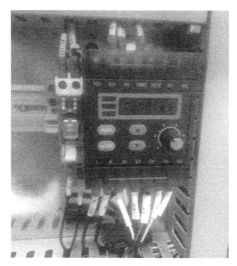

图 4-25　调速器实物图

（6）视觉模块的电气安装

视觉模块的电气安装主要是相机接线，相机包含两根电缆：电源线和信号线，如图 4-26 所示，当相机运行正常时，指示灯状态如图所示。电源线为相机电源专用电缆，相机侧接头为针脚式结构，依照防呆孔提示准确插接，然后旋转外侧螺母实现紧固安装，另一侧接头插入电气集成接口 EXIO1 的电源取用接口取电，为相机供电，通信线为相机通信专用电缆，相机侧接头使用与电源线相同的方法完成紧固安装，另一侧接头是水晶头结构，经电气集成接口 EXIO1 的 Lan 网线孔最终插接入工业交换机。

视觉模块还包含称重传感器 SEN1 和重量变送器 B1，称重传感器为 5 线式传感器，其中一根接地线就近接地，另外 4 根导线与重量变送器的 LOAD CELL 单元的 4 个端子连接，二者端子号一一对应，不能接错，完成接线后，传感器就可以获得电源，并将"有工件待检测"的信号传递给重量变送器 B1。重量变送器的 Power 单元的两个端子上接两根导线，Output 单元的两个端子上接两根导线，将这 4 根导线汇聚为一股线束，经底座上的电缆接头 JCAIO-CN1 接入控制箱内，然后剥离拆分，最终将 Power 单元的导线接入箱内电位端子排，为重量变送器供电；Output 单元的导线接入 DeviceNet 总线耦合器 PIO4 模块（模拟量输入模块），在工作站设备间共享待检测工件的重量值信息，端子接线方法同上。

电源线

信号线

图4-26   相机电缆连接

（7）变位机模块的电气安装

变位机模块的气缸上两个自带传感器的电缆汇聚为一股线束后进入电缆接头，见图4-15，继而被通用DIO电缆连接至2号电缆接头，继续从2号电缆接头底部拱形口出来，进入右侧箱体内，与箱内的电磁阀线圈电源线汇聚后共同从3号接口穿出箱体而连接至电气集成接口EXIO2，经EXIO2进入控制箱内后剥离拆分，其中传感器电源线接至24V电位端子和GND电位端子，为传感器供电，传感器信号线接入DeviceNet总线耦合器的PIO2模块，将气缸状态信息在工作站的设备之间互通共享；电磁阀电源负极线接入GND电位端子，正极线接入DeviceNet总线耦合器的PIO3模块，则PIO3模块上的输出信号可以控制电磁阀动作，接线操作方法同上。

RFID读写器需要使用RFID读写专用电缆连接，从RFID读写器引出后连接至1号电缆接头，然后从1号电缆接头底部拱形口出来，进入右侧箱体内，再从4号接口穿出箱体而连接至专用电气接口，经专用接口中转后最终接入PLC通信模块CM1的RS422端子。

驱动变位机转动的伺服电机需要两根电缆，即图4-15（b）图的5号电缆和6号电缆，其中5号电缆为电机电源专用电缆，从左侧箱内引出后接入专用电气接口，经专用接口中转后最终接入伺服驱动器的TB2端口，U、V、W三根导线一一对应，为伺服电机供电，PE导线接地；6号电缆为编码器专用电缆，从左侧箱内引出后接入专用电气接口，经专用接口中转后最终接入伺服驱动器的CN2端口，将编码器信息反馈给伺服驱动器，另外伺服驱动器的CN5端口应连接至PLC通信模块CM2，即RS485通信模块，建立PLC控制伺服电机动作的硬件基础，伺服驱动器端子示意图如图4-27所示，TB1端口为驱动器的电源端口，连接至控制箱内端子排上的L、N电位端子，取用220V电源为伺服驱动器供电。

（8）旋转供料模块的电气安装

旋转供料模块的电气安装主要是3个传感器和1个步进电机的电缆连接，见图4-16，传感器SEN1和SEN2的电缆汇聚成一股线束，进入电缆接头XZDIO-CN1(M9)，由通用DIO电缆自电缆接头XZDIO-CN1(M9)继续引至电气集成接口EXIO2，经EXIO2进入控制箱内后拆分，其中传感器电源线接至电位端子取电，传感器信号线接入DeviceNet总线耦合器的PIO2模块，将特定工位是否有工件这一信息共享于工作站内。

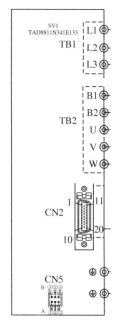

图 4-27 伺服驱动器端子示意图

传感器 ORG1 的 3 根导线与步进电机的 4 根绕组导线汇聚成一股线束，进入电缆接头 DRV1-CN1a(M15)，由旋转供料专用电缆自电缆接头 DRV1-CN1a(M15)继续引至专用电气接口，经专用接口中转后最终接入步进驱动器，步进驱动器端子示意图如图 4-28 所示，其中传感器的电源线就近连接步进驱动器的电源入口端子"VCC+""GND−"而取电，传感器的信号线 ORG1 接至 PLC 输入端子，作为 PLC 的数字量输入信号将转盘转动信息传递给 PLC，步进电机的 4 根绕组导线与步进驱动器的"A+""A−""B+""B−"端子对应连接，保证步进电机的电源供应，"ENA−""ENA+"端子悬空不用，"CW+""CW−"端子可控制步进电机转向，"CP+""CP−"端子为步进脉冲输入端，脉冲数与转动角位移相关，"CW−""CP−"端子直接与"GND−"端子短接，而"CP+""CW+"端子分别与 PLC 输出端子连接，搭建起 PLC 对于步进电机转向及转动步调控制的硬件基础。

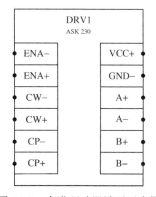

图 4-28 步进驱动器端子示意图

PLC 作为该工作站的主控中心，除上文提到的各端子连接之外，其余数字量输出端子均接入 DeviceNet 总线耦合器的 PIO1 模块，数字量输入端子均与机器人 I/O 板上的数字量输出端子连接，保证 PLC 对工作站的整体性掌控。

任务三 外围设备的气路安装

机器人工作站外围设备如果使用气体驱动，则搭建过程中需要进行气路安装以满足其用气需求。该工作站外围设备中用气设备不多，仅在井式供料模块和变位机模块中存在用气元件。

（1）井式供料模块的气路安装

井式供料模块中的用气元件就是电磁阀和气缸，电磁阀进气口需要通过气管接至高压气泵，在机器人本体的高压气源管路中使用气路三通可取用高压气源，再将气管穿过安装台面后接入电磁阀进气口，然后使用两根气管分别连接电磁阀输出口和气缸进气口，气路安装完成，气管安装操作方法同前文所述。

井式供料模块的
气路安装

（2）变位机模块的气路安装

变位机模块的电磁阀内置于本模块箱体内，如图 4-15（b）中 7 号接口即为本模块高压气源入口，同样取自控制箱内机器人本体的高压气路，自 7 号接口引入本模块箱内，接入箱内电磁阀进气口 P，然后使用两根气管分别连接电磁阀输出口，两根气管穿过操作台面而来到气缸所在位置，分别接入气缸的两个进气口，气路安装完成，气管安装操作方法同前文所述。

❖ 项目练习与考评

工业相机的安装训练

（1）训练目的

扎实掌握安装操作工艺，体会安装内涵，精进安装技能，为后续学习打下基础。

（2）训练器材

工业机器人工作站　　1 套

（3）训练内容

① 练习相机机械安装；

② 练习相机电气安装。

（4）训练考评

工业相机的安装考核配分及评分标准如表 4-2 所示。

表 4-2　工业相机的安装考核配分及评分标准

项目环节	技术要求	配分	评分标准	得分
相机机械安装	熟练使用工具，安装正确，工艺到位	50 分	1.又快又好得 50 分； 2.操作有瑕疵酌情扣分	
相机电气安装	熟练使用工具，安装正确，工艺到位	50 分	1.又快又好得 50 分； 2.操作有瑕疵酌情扣分	

思考与讨论

1. 直角固定片是什么作用？
2. 相机电源线接入通用电气接口还是专用电气接口？
3. 总线耦合器的作用是什么？

项目五 工业机器人工作站网络通信

相关知识

工业机器人工作站网络架构

工业机器人工作站安装完成后，需要进行通信设置，以保证工作站各模块互联互通，真正成为一个整体，相互配合共同完成作业任务。本项目仍以前文所述的工业机器人应用编程工作站为示例展开介绍，图 5-1 所示为该工作站的网络架构示意图，PLC 是整个工作站的主控单元，与其他设备直接或间接通信，主要采用以太网通信，工业以太网采用 TCP／IP 协议，和 IEEE 802.3 标准兼容，但在应用层会加入各自特有的协议，从定义角度而言，工业以太网也是现场总线中的一种，现场总线是将自动化最底层的现场控制器和现场智能仪表设备互连的实时控制通信网络，它遵循 ISO/OSI 开放系统互连参考模型的全部或部分通信协议，开放系统互连参考模型（Open System Interconnect 简称 OSI）是国际标准化组织（ISO）和国际电报电话咨询委员会（CCITT）联合制定的开放系统互连参考模型，为开放式互连信息系统提供了一种功能结构的框架，它从低到高分别是：物理层、数据链路层、网络层、传输

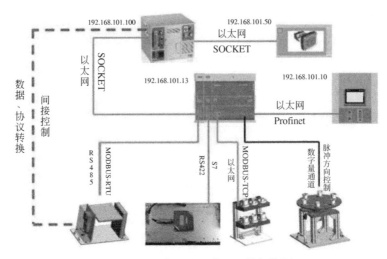

图 5-1 工业机器人工作站网络架构图

层、会话层、表示层和应用层，工业以太网就如同现场总线的各种协议一样。目前比较有影响力的实时工业以太网有：西门子的 PROFINET、倍福的 EtherCAT、贝加莱的 Powerlink、横河 Yokogawa 的 VNET/IP、东芝 Toshiba 的 TCnet、施耐德的 Modbus－IDA、浙大中控的 EPA 等。

工业交换机也称作工业以太网交换机，即应用于工业控制领域的以太网交换机设备，作为网孔的集中地和中转地，交换机可有效扩充工作站内设备的网孔数量，电气集成接口 EXIO1、EXIO2、EXIO3 通过网线与工业交换机连接，工业交换机上同时连接有工作站内其他设备，例如工业机器人控制柜、PLC 以及通过 PLC 间接接入的 HMI 触摸屏，于是集成在 DeviceNet 总线耦合器上的 EXIO 信号在同样集成于工业交换机的设备之间共享共用就具备了硬件条件，软件条件则有不同的实现方式，例如机器人如果要采集或控制这些 EXIO 信号，则需要预先定义和配置，类似于 I/O 板 DSQC652 的配置过程，DeviceNet 总线耦合器首先被配置，在示教器内"DeviceNet Device"选项下添加该设备，地址可依据 DeviceNet 接口针脚情况计算得出，不得与网络内其他设备地址重复，接着对已配置设备上的"Signal"进行定义即可。除 EXIO 信号外，视觉模块的相机通信电缆和仓库模块的数据采集器网线均借助电气集成接口接入工业交换机，从而建立起相机与机器人通讯、相机与 PLC 通信、仓库传感器与 PLC 等以太网通信的硬件基础。

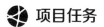 项目任务

工业机器人工作站通信设置

（1）以太网 SOCKET 通信

如图 5-1 所示,工业机器人工作站中机器人与相机、机器人与 PLC 之间采用以太网 SOCKET 通信方式。机器人与相机间的 SOCKET 通信中，机器人为客户端，相机为服务器端，通信时首先在相机软件中初始化 SOCKET，然后与端口绑定（bind），对端口进行监听（listen），等待客户端连接，机器人作为客户端，利用 SOCKET 套接字基于服务器端的 IP 地址和端口号建立 SOCKET 连接，开始与服务器端相互发送和接收信息。

本质上看 SOCKET 是 TCP/IP 协议，TCP/IP 即传输控制协议/网间协议，是一个工业标准的协议集。SOCKET 是对 TCP/IP 协议的进一步封装，是 TCP/IP 协议的 APL 接口，在用户进程与 TCP/IP 协议之间充当中间人。

机器人与 PLC 之间的 SOCKET 通信中，机器人为客户端，PLC 为服务器端，二者的通信是实时不间断的，机器人端编写有通信程序，于后台一直运行，专门处理与 PLC 的通信数据，而 PLC 端，在软件"西门子博途"中利用"TSEND_C""TRCV_C"两个通信指令块实时处理机器人数据，"TSEND_C"通信指令块附带一个通信数据块 DB，用以存放待发送的数据，"TRCV_C"通信指令块附带一个通信数据块 DB，用以存放接收来的数据；机器人端同样有用于发送和接收的数据块，通过后台通信程序与 PLC 互通数据，为便于操作，机器人端定义了不同类型的变量，有状态型变量（state）和命令型变量（command），将接收数据块内的数据赋值给状态型变量，机器人通过监视状态型变量的值就可以解读 PLC 传达的信息；命令型变量放置在发送数据块内，机器人通过 RAPID 编程为命令型变量赋值，然后发送给 PLC，PLC 分析处理后通过编程将控制命令下达给执行单元，机器人通过命令型变量实现对

末端执行单元的控制。TCP/IP 通信的硬件搭建依靠网线连接，交换机将 PLC 与机器人控制柜统一于同一条链路，保障了上述通信过程的硬件基础。

本工作站内仓库模块、变位机模块、旋转供料模块及 RFID 读写器模块的控制都是上述过程的应用，在同一个通信数据块中同时存放 4 个模块的通信数据，在 PLC 端和机器人端有秩序地取用，数据在数据块中按照固定的顺序排列，与各变量一一对应，数据块中某一个固定的区段对应某一个模块，变量定义或编程时应遵循顺序，有序取用数据。

（2）以太网 PROFINET 通信

HMI 触摸屏与 PLC 之间采用 PROFINET 通信方式，在 PLC 软件"西门子博途"中直接点击"添加新设备"选中与硬件型号一致的 HMI 设备进行添加并连接到 PLC，由于二者同属于西门子品牌，而 PROFINET 通信协议隶属于西门子，且 HMI 网线插接在 PLC 的 PROFINET 通信接口上，因此软件中连接方式直接默认是 PROFINET，然后进行 HMI 根画面配置，绑定变量与按钮以及指示灯等，然后编译下载至 HMI 即可，借助 I/O 信号可进一步实现 HMI 对机器人的简单控制。另外相机与 PLC 之间也可以采用 PROFINET 通信方式，首先在双方软件中进行通信初始化配置，选择工业以太网协议为 PROFINET，在 PLC 端对相机进行设备组态，依靠 PROFINET 站名和 IP 地址彼此互认，建立连接。

（3）S7 通信

RFID 读写专用电缆将 RFID 读写器与 PLC 的 RS422 端子连接在一起，该机器人工作站内 RFID 读写器是西门子品牌，与同品牌 PLC 之间采用较为简单的 S7 通信方式，S7 通信是西门子家族 PLC 间的通信方式，常用于 PLC 间数据的相互读写，S7 通信的对应指令是"PUT"和"GET"。基于 TCP/IP 协议，机器人通过已定义的命令型变量"rfidcon"向 PLC 发送读写需求，PLC 借助"TRCV_C"指令接收并进行处理，如果是写命令，PLC 端在博途软件中使用"PUT"通信指令基于 RFID 读写器的 IP 地址将需写入的内容转发给 RFID 读写器，为工件打上标签；如果是读命令，PLC 端在博途中使用"GET"通信指令读取 RFID 读写器发送过来的某工件信息，PLC 再利用"TSEND_C"指令转发给机器人，机器人通过读取状态型变量"rfidstate"的值就可以掌握 RFID 读写器的响应情况及工件信息。

（4）MODBUS TCP 通信

仓库模块数据采集器的网线借助交换机实现与 PLC 相连接，二者采用 MODBUS TCP 通信方式，PLC 作客户端，数据采集器作服务器端，基于 MODBUS TCP 通信协议，PLC 可实时读取数据采集器中的数据。通信双方首先进行通信初始化配置，依据产品说明书明确数据采集器的通信参数，PLC 端使用"MB_CLIENT"通信指令与数据采集器建立通信，基于 IP 地址与端口号读取数据采集器中的数据，"MB_CLIENT"通信指令如图 5-2 所示。基于 TCP/IP 协议，PLC 端再使用"TSEND_C"指令与机器人建立通信，将数据进一步转送给机器人，机

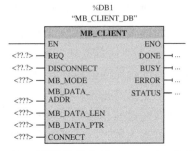

图 5-2 西门子博途软件中"MB_CLIENT"通信指令

器人端后台任务实时接收来自 PLC 的数据并赋值给已定义的"statein"变量,"statein"变量属于状态型变量,机器人通过读取"statein"变量的值就可以判定工件目前在仓库中所处的具体位置,继而通过 RAPID 编程控制末端执行器准确到达目标位,抓取工件。

（5）MODBUS RTU 通信

变位机模块中,伺服驱动器的 CN5 端口与 PLC 通信模块 CM2（RS485 通讯模块）连接,伺服驱动器与 PLC 之间进行 MODBUS RTU 通信（RS485 通信）。通信初始化设置时首先在 PLC 软件中组态 RS485 通信模块,然后使用"MB_COMM_LOAD"通信指令来定义该模块的通信协议为 MODBUS RTU 通信协议,继而使用"MB_MASTER"指令基于 MODBUS RTU 通信协议与伺服驱动器建立通信,以通信主站身份向驱动器发送控制信息,驱动器则将接收到的电信号信息转换为转子的转矩和转速,"MB_MASTER"通信指令如图 5-3 所示。机器人同样可依靠其与 PLC 之间的 TCP/IP 通信协议,借助命令型变量载体"turncon"向 PLC 发送控制伺服电机动作的信息,PLC 通过"TRCV_C"指令接收后进行分析处理,并下达到伺服驱动器去执行,机器人也可借助状态型变量载体"turnstate"读取 PLC 利用"TSEND_C"指令发送而来的伺服电机运动状态反馈信息,以了解变位机是否转动到机器人所需要的角度。机器人与 PLC 基于 TCP/IP 通信协议以数据块、变量为载体互通互连,借助 PLC 的中转,数据和协议在机器人、PLC、伺服电机三者之间转换,机器人对伺服电机实现图 5-1 中虚线所指代的间接控制。

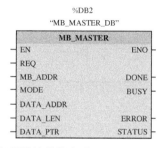

图 5-3　西门子博途软件中"MB_MASTER"通信指令

（6）数字量通道

PLC 对旋转供料模块的控制是基于 PLC 输出端子与步进驱动器"CP+""CW+"端子连接的硬件基础,在此基础上,机器人同样基于 TCP/IP 协议借助命令型变量载体"rotatecon"向 PLC 发送其对步进电机的控制信号,PLC 利用程序将控制信号转换处理并通过两个输出端子发送给步进驱动器,就可以实现机器人对步进电机转向及转动角位移的控制。反过来步进电机运动状态反馈则是逆过程,由 PLC 将状态信息通过 TCP/IP 协议发送给机器人并赋值给状态型变量载体"rotatestate",机器人通过读取状态型变量载体"rotatestate"以掌握被控部件的响应情况,从而更有针对性地进行下一步动作。

✖ 项目练习与考评

HMI 通信训练

（1）训练目的

通过练习,掌握建立 HMI 与 PLC 通信的步骤流程,并能够举一反三,延伸思考工作站内其他设备之间通信的搭建过程，体会通信内涵，为后续学习打下基础。

（2）训练器材

工业机器人工作站　　1套

（3）训练内容

① 搭建HMI与PLC通信的硬件基础；

② 进行软件上的通信配置；

③ 通信调试；

④ 通信排故。

（4）训练考评

HMI通信考核配分及评分标准如表5-1所示。

表5-1　HMI通信考核配分及评分标准

项目环节	技术要求	配分	评分标准	得分
搭建硬件基础	熟悉接口，正确插接网线	10分	1. 又快又好得10分； 2. 操作有瑕疵酌情扣分	
进行软件上的通信配置	熟悉操作软件,通信配置完整正确	50分	1. 又快又好得10分； 2. 操作有瑕疵酌情扣分	
通信调试	通信成功	40分	1. 一次性成功得40分； 2. 通信失败得0分	
不成功，通信排故	沉着排查，冷静分析，快速找出故障并解决	40分	1. 独立排除故障，最终通信成功得40分； 2. 在老师协助下排除故障，最终通信成功得20分	

✎ 思考与讨论

1. 机器人与PLC的SOCKET通信中，谁是客户端？
2. RFID读写器与PLC之间采用什么通信方式？
3. 工作站的主控单元是谁？

模块二　工业机器人工作站的常规操作

项目六 ▶▶▶ **工业机器人备份与恢复**

相关知识

工业机器人备份的重要性

在工业机器人使用过程中，有时候可能会不小心将底层程序丢失，有时候机器人系统偶尔会出现错乱，在这些情况下，如果操作者手中有备份数据，则可以很方便地将机器人快速恢复至备份时的状态，即一键复原；而如果没有备份数据，丢失的程序、错乱的系统，这些情况处理起来会比较麻烦，增加不必要的工作量。因此，定期对 ABB 机器人的数据进行备份，是保证 ABB 机器人长期正常工作的良好习惯，未雨绸缪，防患于未然。本项目中以 ABB 机器人为例展开说明，ABB 机器人备份的对象是所有正在系统内存中运行的 RAPID 程序和系统参数。当机器人系统出现错乱或者重新安装新系统以后，可以通过备份快速恢复机器人。

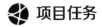
项目任务

任务一 工业机器人系统备份

首先在主菜单栏下选择"备份与恢复"，单击"备份当前系统…"按钮，单击"ABC"按钮可以为备份文件夹修改一个意义明确、容易记忆的名称，单击"…"按钮可以选择该备份文件夹的存储地址（机器人硬盘或 USB 存储设备），设置完成后点击"备份"按钮，就可以打包生成备份文件夹并储存在选定的地址空间。ABB 机器人系统备份操作步骤如图 6-1 所示。

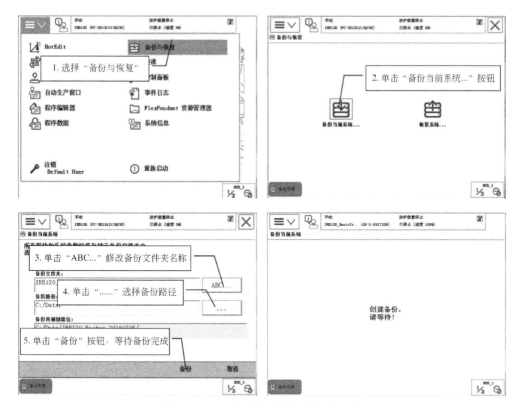

图 6-1 ABB 机器人系统备份操作步骤

任务二 工业机器人系统恢复

当出现系统混乱、程序丢失或新装系统等情况时，不必苦思冥想如何一点点查漏洞改程序或一步步初始化配置新系统及编写程序，只需找到先前已备份的系统并恢复即可。进入"备份与恢复"页面，单击"恢复系统..."按钮，然后单击"..."按钮查找到之前存储备份文件夹的地址路径，选中备份文件夹后单击"恢复"按钮，机器人系统即可恢复到进行备份时的状态。ABB 机器人系统恢复操作步骤如图 6-2 所示。

图 6-2 ABB 机器人系统恢复操作步骤

任务三   单独导入程序和 EIO 文件的操作

系统备份具有唯一性，不能将这一台机器人的备份恢复到另一台机器人中去，否则会造成系统故障。但是，也常会将程序和 I/O 的定义做成通用的，方便批量生产或批量无差别控制时使用，或者在某台机器人上编写的程序，需要在另一台机器人上调试，操作者不希望前功尽弃重新编程时，这些情形中可以通过单独导入程序和 EIO 文件来解决实际需要，快速便捷，减少不必要的工作量以及操作者在重复性烦琐工作中出错的可能性，提高工作效率。如图 6-3 所示为系统备份文件夹的内部框架结构，其中程序来自"RAPID"文件夹，EIO 文件来自"SYSPAR"文件夹，另外"BACKINFO"文件夹存放的是系统基础信息，例如机器人的序列码等，"HOME"文件夹里是机器人存放数据的目录。

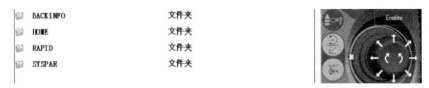

图 6-3   系统备份文件夹内部框架结构

（1）单独导入程序的操作

将一台机器人的系统数据备份后借助 USB 存储设备转存至另一台机器人硬盘中或暂存在 USB 存储设备中并保持 USB 存储设备插接在待导入程序的机器人示教器上。

首先在主菜单中选择"程序编辑器"，单击"模块"标签，点击左下角"文件"菜单，选择"加载模块..."选项，从"备份目录/RAPID"路径下或者从 USB 存储设备中加载所需要的程序模块即可，不必重复编程，如点击"另存模块为..."选项则可对选中的程序模块进行存储操作，相当于单独备份程序模块，另存于硬盘或 U 盘中，需要时进行模块加载即可将该程序模块直接导入。单独导入程序的操作步骤如图 6-4 所示。

（2）单独导入 EIO 文件的操作

EIO 文件囊括 I/O 变量相关的所有信息，包括 I/O 板配置和 I/O 信号定义等，对于通用性 I/O 配置可直接导入现有的 EIO 文件。

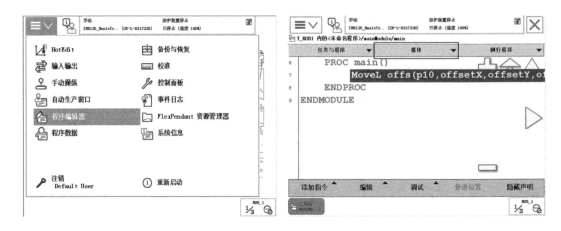

图 6-4 单独导入程序的操作步骤

首先在主菜单中选择"控制面板",点击"配置",点击左下角"文件"菜单,选择"加载参数…"选项,选择"删除现有参数后加载"以避免参数定义冲突,然后点击"加载"按钮,在"备份目录/SYSPAR"路径下或者在 USB 存储设备中找到 EIO.cfg 文件,选中并点击"确定"即完成 EIO 文件导入,系统重启后导入的文件即可生效,可直接使用 I/O 信号,无需重复配置,如点击"'EIO'另存为"选项则可进行 EIO 文件存储操作,相当于单独备份 EIO 文件,另存于硬盘或 U 盘中,需要时进行参数加载即可将该文件直接导入。单独导入 EIO 文件的操作步骤如图 6-5 所示。

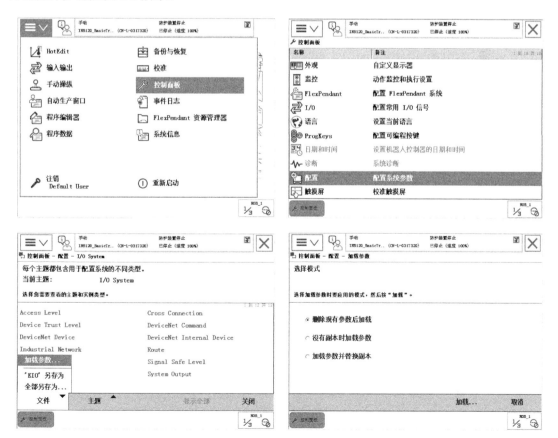

图 6-5

图 6-5   单独导入 EIO 文件的操作步骤

❖ 项目练习与考评

工业机器人备份与恢复训练

（1）训练目的

掌握工业机器人备份与恢复的操作步骤，并能够举一反三，体会工业机器人操作系统的逻辑与框架架构，为后续学习打下基础。

（2）训练器材

工业机器人   1 套

（3）训练内容

① 机器人系统备份；

② 机器人系统恢复；

③ 单独导入程序；

④ 单独导入 EIO 文件。

（4）训练考评

工业机器人备份与恢复考核配分及评分标准如表 6-1 所示。

表 6-1   工业机器人备份与恢复考核配分及评分标准

项目环节	技术要求	配分	评分标准	得分
机器人系统备份	熟悉操作步骤，正确完成系统备份	20 分	1. 又快又好得 20 分； 2. 操作有瑕疵酌情扣分	
机器人系统恢复	熟悉操作步骤，正确完成系统恢复	10 分	1. 又快又好得 10 分； 2. 操作有瑕疵酌情扣分	
单独导入程序	熟悉操作步骤，正确完成程序导入	30 分	1. 又快又好得 30 分； 2. 操作有瑕疵酌情扣分	
单独导入 EIO 文件	熟悉操作步骤，正确完成 EIO 文件导入	40 分	1. 又快又好得 40 分； 2. 操作有瑕疵酌情扣分	

✎ 思考与讨论

1. EIO 文件包含什么内容？

2. 点击"另存模块为…"选项可实现什么功能？

项目七　工业机器人的运行模式

相关知识

工业机器人运行模式种类

工业机器人有两种运行模式，一种是手动运行模式，另一种是自动运行模式。在控制柜上有一个运行模式切换接口，以 IRC5 紧凑型控制柜为例，图 7-1 所示为其接口示意图，其中 S21.1 即为模式切换接口。图 7-2 所示为 IRC5 控制柜实物图，可以看到运行模式切换接口上插着一把钥匙，构成旋转开关，图示位置中钥匙正指向右侧手型标识，此为手动运行模式，而如果钥匙指向左侧循环标识，则意为自动运行模式。操作者通过转动钥匙即可实现机器人运行模式的切换，机器人运行模式会显示在示教器的状态栏，示教器初始界面如图 7-3 所示，方便操作者确认机器人的当前运行模式。

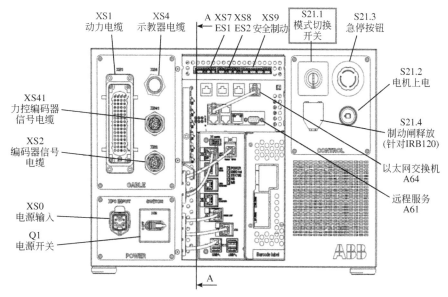

图 7-1　IRC5 紧凑型控制柜接口示意图

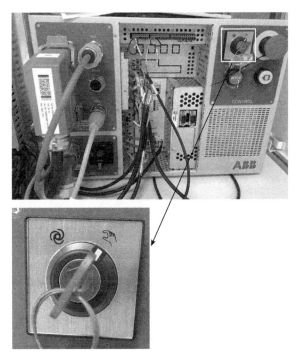

图 7-2 IRC5 紧凑型控制柜实物图

图 7-3 示教器初始界面

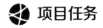 项目任务

任务一 手动运行模式操作

在对工业机器人进行调试时，一般先采用手动运行模式来调试工业机器人的位置和程序。手动运行模式下工业机器人既可以单步运行 RAPID 程序，也可以连续运行 RAPID 程序，但

在运行过程中需要操作者按下并保持示教器使能键处于第一档，保证电动机始终处于开启状态，否则电机会失电，机器人将立即停止。

工业机器人运动即工业机器人从一个姿态转变为另一个姿态的过程，手动运行模式下，操作者可以编程调试，利用 RAPID 程序控制机器人运动，也可以不依靠程序，仅靠手动操纵示教器来实现机器人的运动，通常手动操纵可实现机器人单轴运动、线性运动及重定位运动。

（1）单轴运动的手动操纵

一般地，ABB 机器人是由六个伺服电机分别驱动机器人的六个关节轴，如图 7-4 所示，那么每次手动操纵一个关节轴的运动，就称之为单轴运动。图中箭头描述了各轴的运动方向。

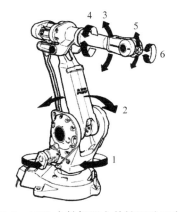

图 7-4　ABB 六轴机器人单轴运动示意图

单轴运动的准备步骤如图 7-5 所示，准备完成后就可以按动使能键，参考示教器右下角显示的正方向去移动操纵杆，观察机器人 1～3 轴的单轴运动特征，在此过程中要始终保持使能键处于第一挡。重新进入第 6 步后选择"轴 4-6"，或者通过示教器上的单轴运动快捷切换键完成切换，则同样可对 4～6 轴进行单轴运动控制，观察各轴运动方向，体会单轴运动的特点。

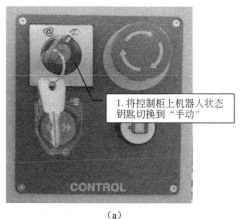

（a）

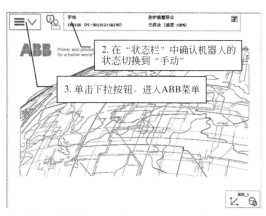

（b）

图 7-5

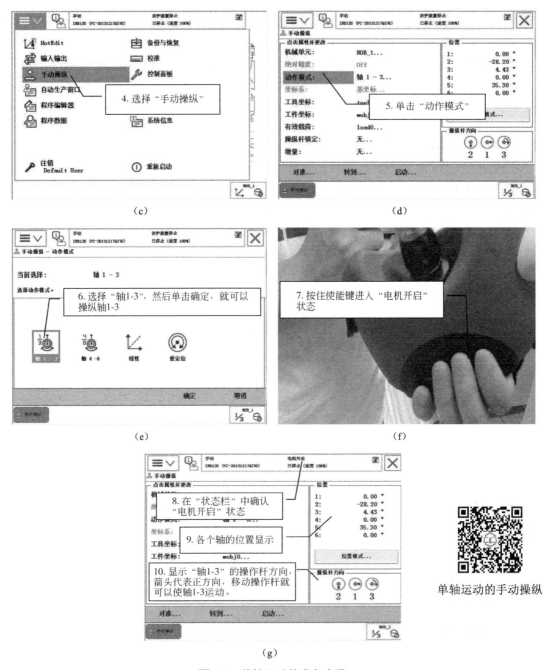

图 7-5 单轴运动的准备步骤

单轴运动的手动操纵

可以将机器人的操纵杆比作汽车的油门，操纵杆的操纵幅度是与机器人的运动速度正向相关的。若操纵幅度较小，则机器人运动速度较慢。若操纵幅度较大，则机器人运动速度较快。所以初学者操作时应尽量小幅度移动操纵杆，使机器人慢慢运动以提高安全性。

（2）线性运动的手动操纵

机器人线性运动即安装在机器人工具法兰盘上的工具 TCP 沿某坐标系坐标轴方向（X，Y，Z）的移动，坐标系默认为基坐标系，基坐标系概念在下文中介绍。机器人线性运动方向如图 7-6 所示。

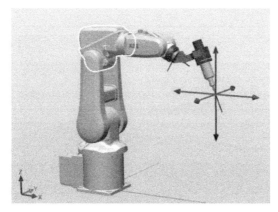

图 7-6　机器人线性运动方向

　　线性运动的准备步骤如图 7-7 所示，在"动作模式"选项中选择"线性"，于是在示教器右下角"操纵杆方向"单元中显示出 X 轴、Y 轴和 Z 轴正方向所对应的操纵杆移动方向，在"工具坐标"选项中选择安装在机器人工具法兰盘上的工具，例如图 7-6 中的喷枪工具，需要提前对该工具建立工具数据 TOOLDATA，即图 7-7 中的"tool1"，TOOLDATA 概念在下文中介绍。选中对应的"tool1"后点击确定，其他参数默认不变即可，准备完毕后参考各轴正方向来移动操纵杆，例如逆时针转动操纵杆时，机器人 TCP 会竖直向上运动，而竖直向上正是基坐标系的 Z 轴正方向。

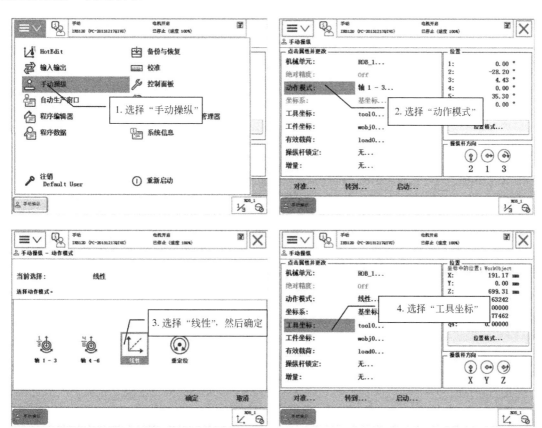

图 7-7

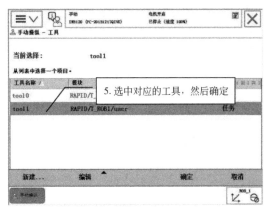
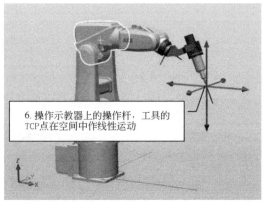

图 7-7　线性运动的准备步骤

线性运动的手动
操纵

（3）重定位运动手动操纵

机器人重定位运动是指机器人工具法兰盘上的工具 TCP 在空间中绕着坐标轴（X，Y，Z）旋转的运动，也可以理解为机器人绕着工具 TCP 点作姿态调整的运动。如图 7-8 所示为喷枪工具 TCP 在空间绕着其工具坐标系各坐标轴旋转的重定位运动形式。

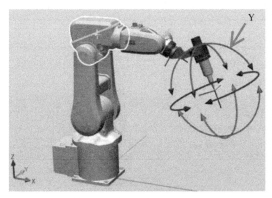

图 7-8　重定位运动形式

重定位运动的准备步骤如图 7-9 所示，在"动作模式"选项中选择"重定位"，在"坐标系"选项中选择"工具坐标系"，并在"工具坐标"选项中进一步明确该工具坐标系来自"tool1"，准备完毕后按压示教器使能键上电，按照示教器右下角"操纵杆方向"单元中显示的 X 轴、Y 轴和 Z 轴正方向来移动操纵杆，例如水平左右拨动操纵杆时，机器人工具 TCP 就在空间绕工具坐标系"tool1"的 Y 轴旋转而做重定位运动，即机器人会在喷枪 TCP 不动的情况下沿图中箭头所指方向前后摆动以调整姿态。

（4）增量式手动运行

在手动操纵机器人的过程中，利用操纵杆操纵幅度来控制机器人运动速度的操作技巧如果运用不熟练的话，那么可以使用"增量"模式来控制机器人的运动速度。在增量模式下，操纵杆每动一下，机器人就移动一步（一个增量），如果维持操纵杆动作态达数秒，机器人就会持续移动且速率为 10 步/s，可以采用增量模式对工业机器人的位置进行微幅调整以实现精确的定位功能。

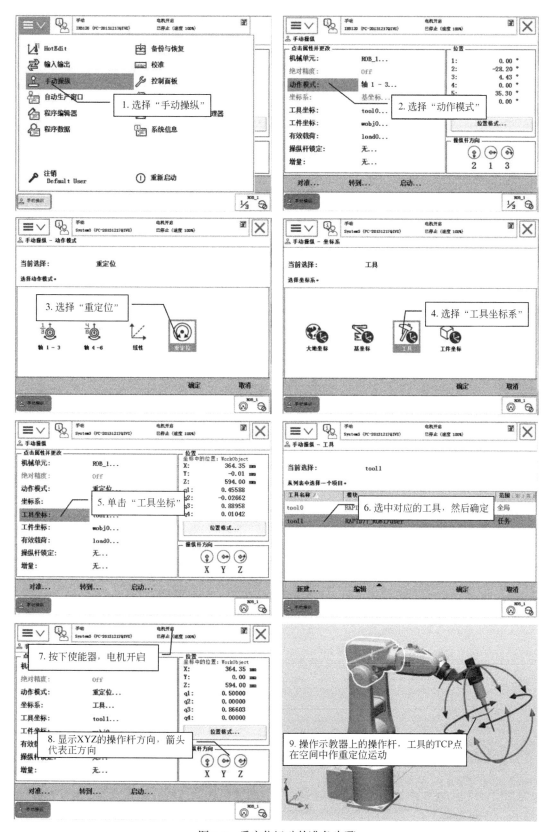

图 7-9 重定位运动的准备步骤

如图 7-10 所示为增量运动的准备步骤，点击"增量"后根据需要选择合适的增量模式，然后点击"确定"即完成准备工作，随后可以移动操纵杆控制机器人动作，观察比较与非增量运动的速度区别。图示中增量模式为默认的"无"，即未经调整的原始运行速度，其他 4 种增量模式的移动幅度如表 7-1 所示。

重定位运动的手动操纵　　增量运动

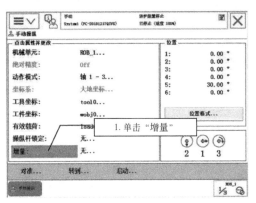
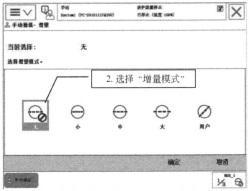

图 7-10　增量运动的准备步骤

表 7-1　增量模式含义

增量模式	移动距离/mm	弧度/rad
小	0.05	0.0005
中	1	0.004
大	5	0.009
用户	自定义	自定义

（5）手动操纵的快捷按钮的使用

机器人操作中，手动操纵的使用频率较高，因此在示教器上设计了多重快捷按钮与快捷菜单等为手动操纵提供便利，如图 7-11 所示为示教器上与手动操纵相关的实体快捷按键及其含义。

A 机器人/外轴的切换
B 线性运动/重定位运动的切换
C 关节运动轴1-3/轴4-6的切换
D 增量开/关

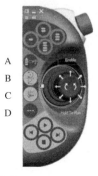

图 7-11　实体快捷按键及其含义

如图 7-12 所示为示教器主屏幕上与手动操纵相关的快捷按钮位置及其含义，首先点击图 7-12（a）中屏幕右下角方框 1 位置的快捷菜单按钮，即可弹出一列按钮选项，位于主屏幕右侧，见图 7-12（b），然后点击方框 2 位置处位于按钮选项列最上方的"手动操纵"按钮，即可弹出简化版的快捷控制面板，见图 7-12（d），可以选择坐标系、工具数据、工件坐标和动作模式，点击下方"显示详情"（方框 3 位置）即可进一步看到细节图，细节图中各部分含义如图 7-12（c）中所示，该图将手动操纵的相关要素集成在一个画面中，方便操作者快速地一次性完成所有配置，提高手动操纵作业效率。另外如需单独调整增量模式，则可点击按钮选项列上方第二个按钮——"增量"按钮（位置 4 处）来对增量进行快速配置，点击"用户模块"下方的"显示值"即可进行"用户模块"增量值的自定义。

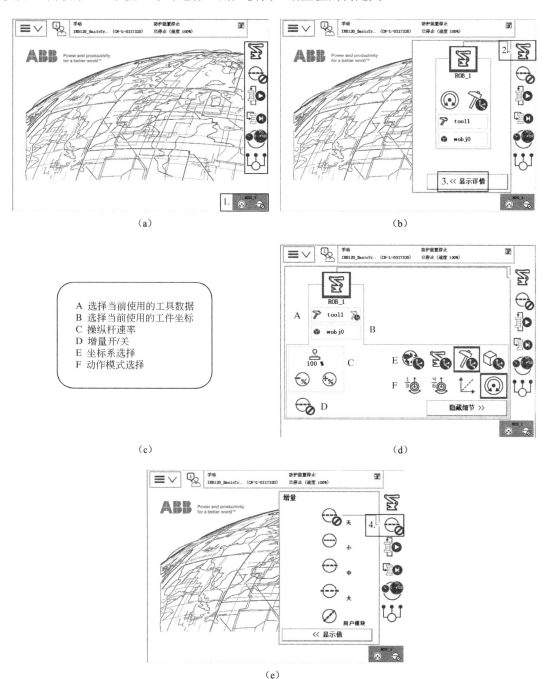

图 7-12　示教器主屏幕上的快捷按钮

任务二　自动运行模式操作

经手动调试并确认运动与逻辑控制无误后，可以使用自动运行模式让工业机器人进行自动生产工作。自动运行模式下示教器可以悬挂不用，触发一下控制柜上白色的马达上电按钮（见图 7-1 中的 S21.2）后不需要再手动按动使能键，工业机器人就可以依次自动执行程序并且以程序设定的速度值进行运动，全程无操作者与示教器的参与。图 7-13 所示为 RAPID 程序的自动运行设置步骤。

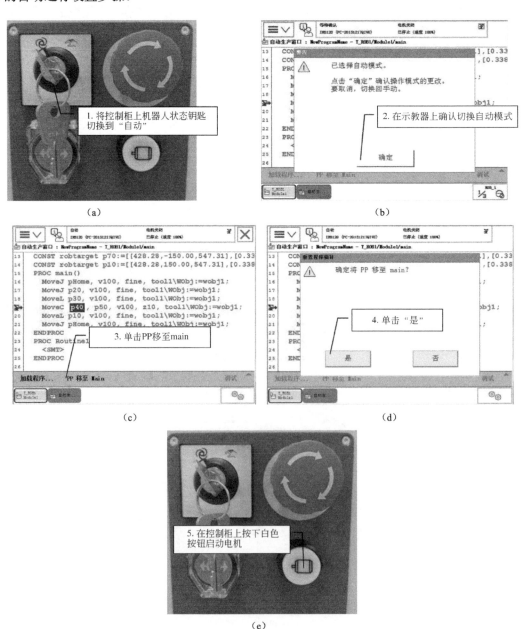

图 7-13　RAPID 程序的自动运行设置步骤

✖ 项目练习与考评

工业机器人多形式运动训练

（1）训练目的

熟练掌握机器人单轴运动、线性运动、重定位运动的操作步骤，熟悉增量运动的使用技巧，熟练运用手动操纵的快捷按钮，达到熟能生巧的效果，为后续学习打下基础。

（2）训练器材

工业机器人　　1套

（3）训练内容

① 利用快捷键进行机器人单轴运动；

② 利用快捷键进行机器人线性运动；

③ 利用快捷键进行机器人重定位运动。

（4）训练考评

工业机器人多形式运动考核配分及评分标准如表7-2所示。

表7-2　工业机器人多形式运动考核配分及评分标准

项目环节	技术要求	配分	评分标准	得分
利用快捷键进行机器人单轴运动	熟悉操作步骤，快速配置，合理选用增量模式，熟练操控机器人单轴运动	20分	1. 又快又好得20分； 2. 操作有瑕疵酌情扣分	
利用快捷键进行机器人线性运动	熟悉操作步骤，快速配置，合理选用增量模式，熟练操控机器人线性运动	40分	1. 又快又好得40分； 2. 操作有瑕疵酌情扣分	
利用快捷键进行机器人重定位运动	熟悉操作步骤，快速配置，合理选用增量模式，熟练操控机器人重定位运动	40分	1. 又快又好得40分； 2. 操作有瑕疵酌情扣分	

✎ 思考与讨论

1. 控制柜上白色按钮什么作用？

2. 增量运动的含义是什么？

3. 重定位运动时 TCP 会移动么？

项目八 创建工业机器人程序数据

相关知识

工业机器人坐标系和运动轨迹

在工业机器人运动中，坐标系是不可或缺的，坐标系是为了确定工业机器人的位姿而定义的位置指标系统，坐标系就是描述机器人姿态和位置时所用到的参照物基准，有了基准，空间中所有点就有了唯一的坐标值，于是对于机器人位置和姿态的描述就可以做到精准而明确。在示教编程过程中常用的坐标系有关节坐标系、基坐标系、工件坐标系和工具坐标系等，其中关节坐标系是设定在工业机器人关节中的坐标系，即每个轴相对于原点位置的绝对角度，所有关节轴都为0°如图8-1所示。

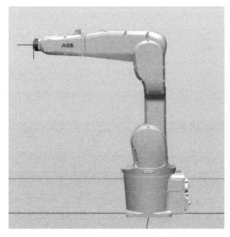

图 8-1 关节 0°示意图

工业机器人的工具中心点（TCP，Tool Center Point）默认为机器人末端法兰盘的中心点，操作者也可以自己定义不同于默认 TCP 的新 TCP，在编程时恰当选择合适的 TCP 即可。通常在"机器人从空间一个点移动到另一个点"这样的描述中，主语对象并不是机器人这个整体，而是其 TCP 这一个点，TCP 相当于"探头"，在坐标系这一基准下运动，保证机器人运动轨迹的可控性。

空间中同一个点在不同坐标系下的坐标值并不相同，在同一个坐标系中不同 TCP 的坐标值也是不同的，所以在机器人系统中描述一个点的坐标值或一段位移时需要明确 TCP 和坐标系这两个重要前提，否则描述是没有意义的。

不同于手动操纵，当机器人在 RAPID 程序控制下运动时，机器人的运动轨迹在程序中已经预设完成，而轨迹预设过程中需要向机器人描述清楚它的起始点位置和目标点位置，这些位置就是坐标值，坐标值仅是一串数字，只有在明确的坐标系中坐标值才有意义，才能够和空间中唯一的点对应起来，机器人才能够依据坐标值精准地从起始点到达目标点，除坐标系外，同样需要向机器人描述清楚的还有 TCP，机器人已经明白了它要走的路径，但仍不清楚走这段路径的"主角"是谁，到底是六轴法兰盘中心呢，还是项目二中的喷枪末端中心呢？即"探头"还不明确，在完全相同的坐标系与坐标值前提下，机器人选择不同 TCP 时的运动效果是完全不同的。因此"坐标值+坐标系+TCP"三要素齐全才能将机器人的运动状态明确下来，"TCP+坐标系"是机器人编程的基础，在正式编写程序之前，必须搭建好必要的编程环境，下文中三个重要的程序数据即是必要的编程环境。

❂ 项目任务

任务一　工具坐标数据 TOOLDATA 的创建

工具数据 TOOLDATA 是用于描述安装在机器人末端上的工具的 TCP、重量、重心等参数的系列数据。每一个工具都有自己的工具数据，系统默认的工具被命名为 tool0，其 TCP 即六轴末端法兰盘的中心点，即图 8-2 中坐标系的原点，该坐标系即系统默认的工具坐标系，默认工具坐标系以五轴箱体的轴向为 Z 轴，以径向平面为 X 轴和 Y 轴平面，坐标轴两两垂直，符合笛卡尔坐标系的右手法则，在图示角度下即由基坐标系沿 Y 轴逆时针旋转 90° 而得。

图 8-2　默认工具 tool0 的 TCP 示意图

不同的机器人应用就可能配置不同的工具，比如说弧焊机器人使用弧焊枪作为工具，而用于搬运板材的机器人就会使用吸盘式的夹具作为工具，安装在机器人工具法兰上的吸盘和弧焊枪的 TCP 如图 8-3 所示，新 TCP 所在位置是从系统默认 TCP 的 6 轴法兰盘中心延伸至工具末端中心。

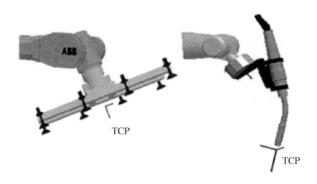

图 8-3　吸盘和弧焊枪的 TCP 示意图

为末端工具创建其对应的工具数据后该工具才可以被机器人正确使用，可将工具命名为 tool1、tool2 或其他易于区分理解的名字，例如图 8-4 示例中的"gripper"意为"夹具"，即夹具的 TOOLDATA，直观明了。图 8-4 中语句是工具数据"gripper"的声明语句，从中可以看出工具数据的结构组成，其中"TRUE"表明目前该夹具正安装在末端法兰上，[97.4,0,223.1] 表明该工具 TCP 在 tool0 的 TCP 基础上沿着 tool0 坐标系 X 方向偏移 97.4mm，沿 tool0 坐标系 Z 方向偏移 223.1 mm，[0.924,0,0.383,0] 表明该工具坐标系的 X 方向和 Z 方向相对于 tool0 坐标系的 Y 方向旋转 45°，以上是其中关于 gripper 工具坐标系的重要信息，最后一个中括号内是关于工具重量与重心的信息，其中"5"表明工具重量为 5kg，[23,0,75] 表明工具重心在 tool0 的 TCP 基础上沿着 tool0 坐标系 X 方向偏移 23mm，沿 tool0 坐标系 Z 方向偏移 75mm，后面内容表明该工具可将负载视为一个点质量，即不带转矩惯量。夹具通常用来搬运货物，所以对重量、重心等较为关注，以上大部分信息都是在创建工具数据时由机器人系统自动计算生成，无需更改，除了工具重心位置和重量需要查看产品说明书来获取并手动填写在示教器对应位置上。

PERS tooldata gripper:=[TRUE, [[97.4, 0, 223.1], [0.924, 0,0.383 ,0]], [5, [23, 0, 75], [1, 0, 0, 0], 0, 0, 0]];

图 8-4　TOOLDATA 数据组成示例

工具坐标数据 TOOLDATA 创建步骤如下。

先在机器人运动范围内找一个非常精确的固定点作为参考点，最好是尖端，然后在示教器主菜单中打开"手动操纵"，点击"新建"工具坐标并点"确定"，选中新建的"tool1"后点击"编辑"，选择"定义"，选择"TCP 和 Z，X"，开始使用"六点法"定义"tool1"。首先以四种不同的机器人姿态使新工具末端中心点尽可能与固定点刚好碰上，然后依次选中"点 1""点 2""点 3""点 4"，并点击"修改位置"而将 4 个位姿数据写入这 4 个点，为提高工具坐标系精度，其中前 3 个姿态的差别应尽可能大一些，第 4 个姿态选择垂直于底座平面而碰上固定点，从固定点沿着将要作为 tool1 坐标系的 X 轴的方向移动一定距离后到达的就是第 5 个点，将位置修改给"延伸器点 X"，从固定点沿着将要作为 tool1 坐标系的 Z 轴的方向移动一定距离后到达的就是第 6 个点，将位置修改给"延伸器点 Z"。6 个点都完成修改位置后点击"确定"，机器人通过这些位置数据就可以计算求得 TCP 的数据及 tool1 坐标系方向数据，并保存在 tool1 的 TOOLDATA 中，需要时直接调用。最后选中

tool1 选择"更改值",然后下拉找到"mass"并将其修改为大于 0 的数值即可,喷枪这种工具的重心、重量通常不必十分精确,例如修改为"1""2"等都可以,而搬运相关的夹具则对重心、重量等要求较高,在最后"更改值"选项中应按照实际重量与重心位置准确填写"mass"及其下方的"X""Y""Z"后再点"确定"键。工具数据 TOOLDATA 创建步骤如图 8-5 所示。

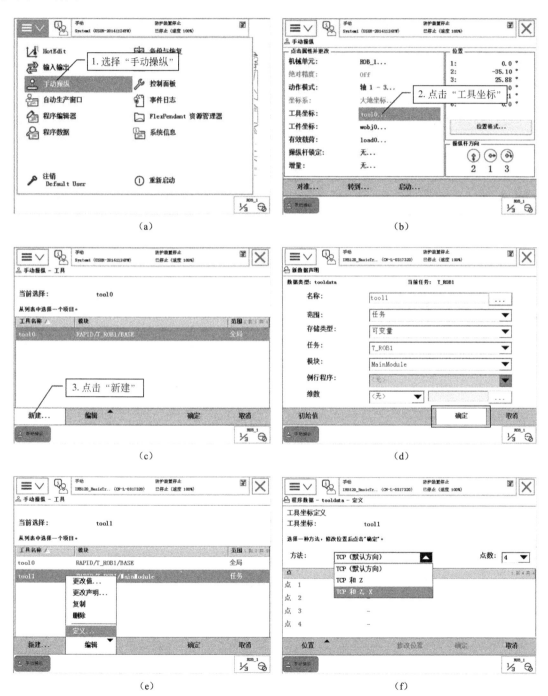

图 8-5

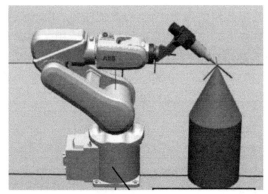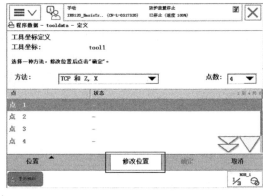

(g)

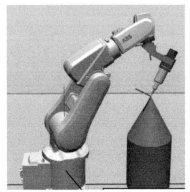

(h)

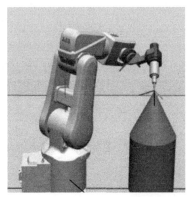

(i)

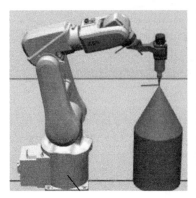

(j)

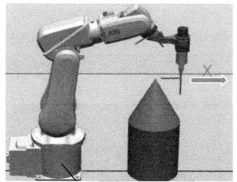

(k)

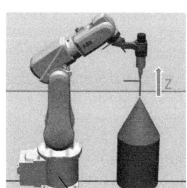

(l)

(m)　　　　　　　　　　　　　　　　　　　　（n）

（o）　　　　　　　　　　　　　　　　　　　　（p）

图 8-5

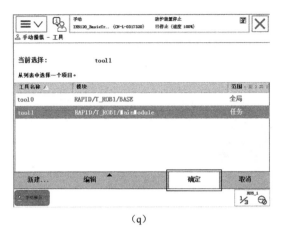

（q）

图 8-5　工具数据 TOOLDATA 创建步骤

按照图 8-6 所示方式检验新建工具数据的有效性，选择重定位动作模式，坐标系选择工具坐标系 tool1，依据重定位动作特点可知上述设置意为使新工具 tool1 的 TCP 沿着 tool1 坐标系各轴旋转，如果工具数据创建成功，在上述手动操纵设置下，移动操纵杆时应当是喷枪工具末端中心纹丝不动，沿着工具坐标系 tool1 的 X 轴、Y 轴和 Z 轴旋转以调整姿态，说明新工具 TCP 已被锁定，新"探头"产生。创建的 TOOLDATA 中包含末端工具的工具坐标系及其 TCP，二者均可用 TOOLDATA 名称"tool1"指代。

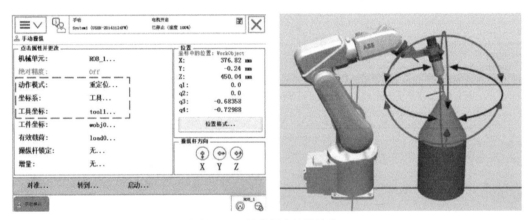

图 8-6　工具数据有效性检验

除"6 点法"外，还有"4 点法"也较为常用，在方法选项处选择"TCP（默认方向）"即选择了"4 点法"，此方法不修改坐标轴方向，保持与默认工具坐标轴同向，即与坐标系 tool0 平行，"6 点法"可以重新定义 3 个坐标轴方向，另外"TCP 和 Z"也称为"5 点法"，可以改变工具坐标系的 Z 轴方向。

任务二　工件坐标数据 WOBJDATA 的创建

工业机器人系统默认的工件坐标系为基坐标系，即工业机器人在基座中创建一个固定坐标系，使工业机器人的运动以基坐标系为初始参照。当工业机器人处于机械原点时，规定工业机器人的正面朝向为基坐标 X 轴正方向，Z 轴正方向为竖直向上，根据笛卡尔坐标系的右手法则，如图 8-7 所示，可以确定 Y 轴正方向。

同样可以在空间中新建工件坐标系，创建对应的工件坐标数据 WOBJDATA，如图 8-8 所示，A 是机器人的大地坐标，大地坐标即以大地为基准的直角坐标系，除了机器人倒装和加装附加轴等特殊情形外，大地坐标基本可以等同于基坐标。为了方便编程，为第一个工位建立了一个工件坐标系 B，并依托工件坐标系 B 进行轨迹编程，如果台子上还有一个一模一样的工位需要走相同的轨迹，此时只需要再建立一个工件坐标系 C 便可以快速实现轨迹复制而不必重复示教和编程。

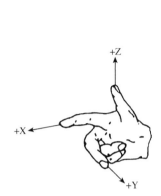

图 8-7　笛卡尔坐标系的右手法则

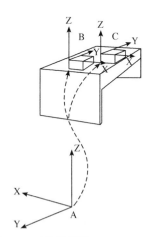

图 8-8　工件坐标系 WOBJDATA

如图 8-9 所示，机器人依托工件坐标系 B 绘制轨迹 A，然后将程序中工件坐标系更新为 D，仍使用原程序及原示教点，即仅更换运动参照系，无需重复编程和示教，机器人就可以直接在新工位上绘制出轨迹 C，轨迹 A 与坐标系 B 的相对关系和轨迹 C 与坐标系 D 的相对关系完全一致，这类在不同工位间复制轨迹的操作中，工件坐标系意义重大，为编程带来巨大便利。

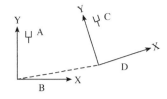

图 8-9　工件坐标系切换效果示意图

图 8-10 所示为工件坐标数据 WOBJDATA 的创建步骤，即"3 点法"。在"工件坐标"选项下点击"新建"，该页面上方看到的"wobj0"即基坐标系，新建坐标系命名为"wobj1"，选择"3 点"法来定义"wobj1"，然后手动操纵工业机器人到达操作工位台面上的 3 个点并分别将位置修改给"X1""X2""Y1"，其中"X1"点指向"X2"点的射线即为"wobj1"的 X 轴，"Y1"点在 X 轴上的投影点即为坐标系原点，原点指向"Y1"点的射线即为"wobj1"的 Y 轴，依据笛卡尔坐标系右手定则便可确定 Z 轴方向。系统基于上述 3 点的位置数据可自动生成工件坐标系 wobj1，需要时取用即可。

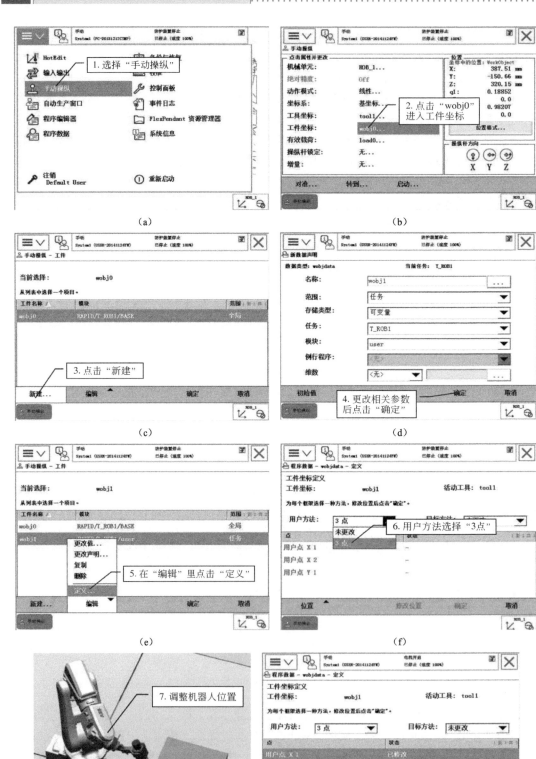

(a)

(b)

(c)

(d)

(e)

(f)

(g)

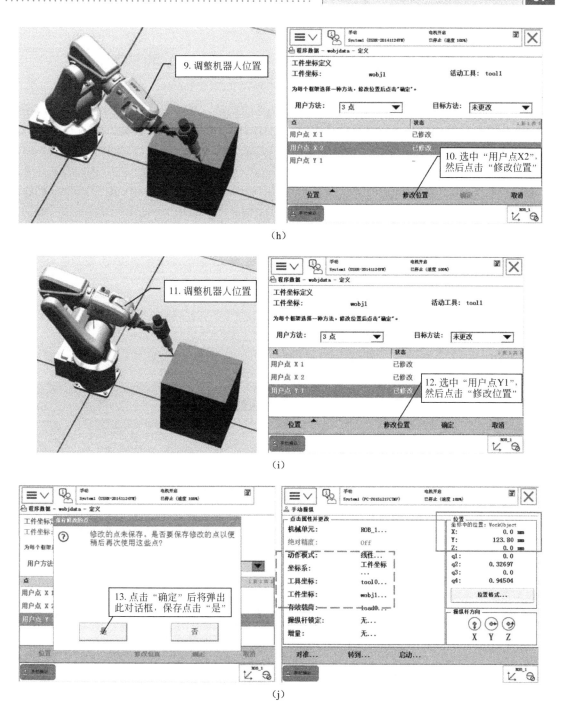

图 8-10 工件坐标数据 WOBJDATA 创建步骤

最后可采用手动操纵方式来验证新建工件坐标系的有效性，如在图 8-10 所示的配置中是以默认 TCP 为探头，在工件坐标系 wobj1 中运动，如果工件坐标系 wobj1 创建成功的话，移动操纵杆使机器人末端法兰中心点到达工位台面上的"Y1"点处，此刻屏幕右上角的坐标值会看到是[0,m,0]，即"Y1"点位于工件坐标系 wobj1 的 Y 轴上，且与原点距离为 m，单位为毫米。

任务三 有效载荷数据 LOADDATA 的创建

对于搬运应用的机器人，除了应正确设定夹具的重量、重心等 TOOLDATA 以外，还应该正确设置搬运对象的重量和重心位置等 LOADDATA。点击"有效载荷"选项并点击"新建"，在这里可以看到系统默认的"load0"，新建 LOADDATA 被命名为"load1"，选中"load1"进行参数更改，根据实际载荷情况正确填写"mass"及其下方的"X""Y""Z"数值。填写完成后点击"确定"即可生成有效载荷数据 LOADDATA 并存储在 load1 中，需要时直接调用。有效载荷数据 LOADDATA 创建步骤如图 8-11 所示。

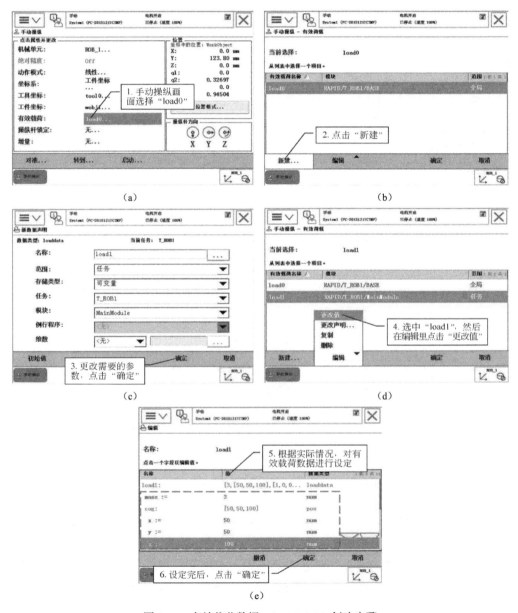

图 8-11 有效载荷数据 LOADDATA 创建步骤

三个重要的程序数据是进行机器人编程的必要前提，创建工具坐标数据 TOOLDATA 是生成新的 TCP 探头，当然 TOOLDATA 中也包含工具坐标系；创建工件坐标数据 WOBJDATA 是生成新的工件坐标系，为编程提供便利；创建有效载荷数据 LOADDATA 就是生成负载载荷数据，供搬运类机器人调用；RAPID 程序中运动指令的语句格式里自带 tool 和 wobj 的定义，写语句时必须明确该条运动语句所对应的工具 TCP 和工件坐标系，即明确哪个探头在哪个坐标系中运动的问题，如图 8-12 所示，再结合图中"p20"这一目标点的坐标值，该语句中三要素齐全，才能清晰地告诉机器人哪个 TCP 要去到空间的哪个点。载荷数据常常用以定义机器人的有效负载或抓取物的负载，即机器人夹具所夹持的负载。图 8-13 所示为利用"GripLoad"指令来定义夹具当前载荷的示例程序，首先夹紧夹具，设置载荷为"load1"，运动到目的地后松开夹具，将货物放下并将搬运对象载荷清除为 load0。

图 8-12　运动指令示例

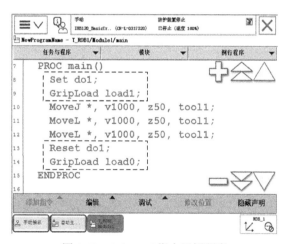

图 8-13　GripLoad 指令示例程序

❖ 项目练习与考评

创建程序数据训练

（1）训练目的

熟练掌握机器人 TOOLDATA、WOBJDATA、LOADDATA 的创建步骤，并能够举一反三，融会贯通，达到熟能生巧的效果，为后续学习打下基础。

（2）训练器材

工业机器人　　　1 套

（3）训练内容

① 创建工具数据 TOOLDATA；

② 创建工件坐标数据 WOBJDATA；

③ 创建有效载荷数据 LOADDATA。

（4）训练考评

创建程序数据考核配分及评分标准如表 8-1 所示。

表 8-1　创建程序数据考核配分及评分标准

项目环节	技术要求	配分	评分标准	得分
创建工具数据 TOOLDATA	熟悉操作步骤，快速创建数据且精度较高，可尝试多种方法创建	40 分	1. 又快又好得 40 分； 2. 操作有瑕疵酌情扣分	
创建工件坐标数据 WOBJDATA	熟悉操作步骤，快速创建数据且精度较高	30 分	1. 又快又好得 30 分； 2. 操作有瑕疵酌情扣分	
创建有效载荷数据 LOADDATA	熟悉操作步骤，快速创建数据且精度较高	30 分	1. 又快又好得 30 分； 2. 操作有瑕疵酌情扣分	

思考与讨论

1. "6 点法"使用的是哪六个点？

2. "3 点法"中的"X1"点是坐标系原点么？

3. 如何检验新建工具"tool1"的有效性？

项目九 工业机器人运动指令

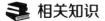
相关知识

工业机器人程序数据类型

（1）位置数据 robtarget

利用程序控制机器人运动时，需要创建，以实现定点定轨迹的目的。位置数据 robtarget 表示空间中点的位置坐标，机器人按照程序依次到达这些 robtarget 对应的点的过程，即为机器人执行程序、描摹轨迹的过程。位置数据 robtarget 的创建步骤如图 9-1 所示，在"程序数据"选项中找到"robtarget"并双击，可以看到目前系统内已有的所有 robtarget 型数据，点击下方"新建"按钮，在打开的页面中可以编辑该数据的"名称""范围""存储类型"等参数，点击"确定"后则数据创建成功，接着手动操纵机器人移动到空间中某点，选中新建的"p40"数据并点击"修改位置"，即可将空间中某点的位置坐标存储在"p40"数据中，当编程控制机器人到达目标点"p40"时，机器人可以再次自动移至空间中那一点。创建时也可以先手动操纵机器人到达理想位置，然后再新建位置数据 robtarget 并进行"修改位置"。

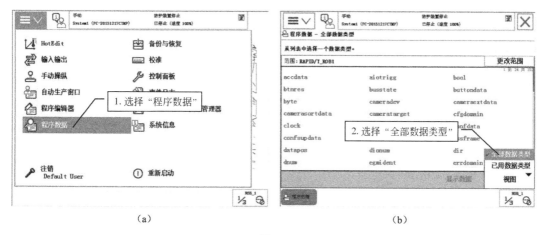

（a）   （b）

图 9-1

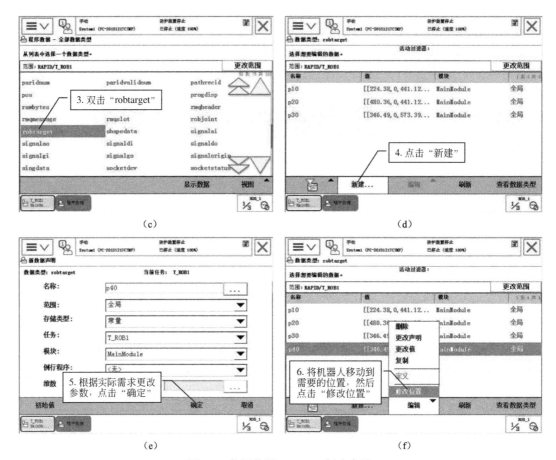

图 9-1　位置数据 robtarget 创建步骤

在数据参数编辑页面中显示有各种参数，根据实际情况进行修改即可，各参数的说明如表 9-1 所示。"存储类型"用于设置该数据将以什么状态被存储，有变量（VAR）、可变量（PERS）、常量（CONST）3 种可选类型。其中变量（VAR）型数据在创建时可以设置其初始值，编写 RAPID 程序时还可以对其赋值，但当指针复位或者机器人控制器重启后，将恢复为其初始值；可变量（PERS）型数据同样可对其设置初始值并赋值，且无论程序的指针如何变化，无论机器人控制器是否重启，可变量型数据都会保持最后被赋予的值，直到下一次被重新赋值；常量（CONST）型数据在创建时已被赋予了数值，不能在程序中对其修改或赋值，只能进入"程序数据"并找到该数据后手动修改。

表 9-1　程序数据参数说明

数据设定参数	说明
名称	设定数据的名称
范围	设定数据可使用的范围
存储类型	设定数据的可存储类型
任务	设定数据所在的任务
模块	设定数据所在的模块
例行程序	设定数据所在的例行程序
维数	设定数据的维数
初始值	设定数据的初始值

除位置数据以外，工业机器人系统常用的其他类型的程序数据还有数值数据（num）、逻辑值数据（bool）、字符串数据（string）、关节位置数据（jointtarget）、速度数据（speeddata）、转角区域数据（zonedata）等，他们的创建步骤基本都是相同的。

（2）数值数据（num）

用于存储数值，可存放整数、小数，也可以指数的形式存储。

（3）逻辑值数据（bool）

用于存储逻辑值（真/假），数据值可以为 TRUE 或 FALSE。

（4）字符串数据（string）

字符串是一串前后附有引号的字符（最多 80 个），如果字符串中包含反斜线（\），则必须写两个反斜线符号，例如"This string contains a \\ character"。

（5）关节位置数据（jointtarget）

存储包括附加轴在内的每个单独轴的角度位置，即关节坐标值，以描述每个轴相对于其机械原点的绝对偏移角度。

（6）速度数据（speeddata）

用于存储机器人和附加轴运动时的各速度值，定义了工具中心点 TCP 的移动速度、工具的重定位速度、线性外轴的速度及旋转外轴的速度。图 9-2 所示为定义 speeddata 的示例语句，该 speeddata 的名称为"vmedium"，存储类型为变量，赋值操作无记忆性，其数据内容的含义为：TCP 速度为 1000mm/s，工具的重定位速度为 30 °/s，线性外轴的速度为 200mm/s，旋转外轴的速度为 15°/s。

> VAR speeddata vmedium := [1000, 30, 200, 15];

图 9-2 定义 speeddata 的示例语句

（7）转角区域数据 zonedata

zonedata 用于规定如何结束一个位置，也就是在向下一个位置移动之前，机器人应以什么方式接近当前目标位置。例如编程中经常用到的"z50""z200""fine"等参数，其中"fine"表示机器人工具 TCP 需精准到达目标点，且在目标点处运行速度降为零，机器人动作有所停顿后再进行下一个动作；其余参数则表示工具 TCP 需以一定转角半径接近目标点，如图 9-3 所示，P 为目标点，若运动语句中选用的 zonedata 参数为 z50，则工具 TCP 会以 50mm 的转角半径接近 P 点并离开，但离开的方向是朝向 A 点还是朝向 B 点，机器人则需要依据程序下一条语句中的目标点位置来判定，因此通常一段程序的结尾语句中不可使用"z50"这类转角数据，而必须使用"fine"来精准到达最后一个目标点；当置位复位指令前有运动指令时，则运动指令语句中同样必须使用"fine"，否则机器人无法判断到底接近到什么程度才能认为运动指令语句已经执行完毕，即不清楚什么时刻可以开始执行下方的置位复位指令。

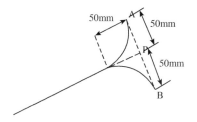

图 9-3 转角半径示意图

✿ 项目任务

ABB 机器人运动指令认识

ABB 机器人在空间中主要有 4 种运动方式：关节运动、线性运动、圆弧运动和绝对位置运动，对应的运动指令分别是"MoveJ""MoveL""MoveC"和"MoveAbsJ"。

（1）关节运动指令 MoveJ

关节运动指令应用于对路径精度要求不高的情况下，机器人的工具中心点（TCP）从一个位置移动到另一个位置，两个位置之间的路径不一定是直线，如图 9-4 所示。关节运动指令适合机器人大范围运动时使用，在运动过程中不容易出现关节轴进入机械死点的问题。

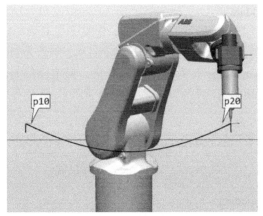

图 9-4   关节运动指令移动轨迹

（2）线性运动指令 MoveL

线性运动是机器人的 TCP 从起点到终点之间的路径始终保持为直线的运动，如图 9-5 所示，一般如焊接、涂胶等对运动路径要求较高的应用场合多使用此运动指令。

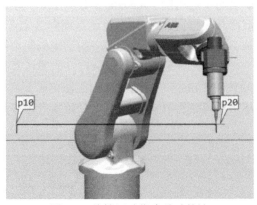

图 9-5   线性运动指令移动轨迹

（3）圆弧运动指令 MoveC

圆弧运动路径的生成：在机器人的活动空间范围内定义三个位置点，第一个点是圆弧的起点，第二个点用于明确圆弧的曲率，第三个点是圆弧的终点，遵循圆弧曲率将此三点以平滑曲线连接即可生成运动路径，如图 9-6 所示。其中"p10"点为 TCP 当前位置点，"p20"和"p30"则需要在"MoveC"指令语句中创建并定义，与"p10"点一起将运动路径明确下来。

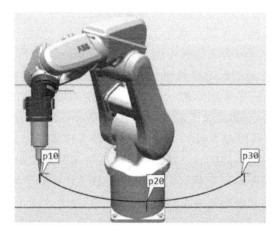

图 9-6　圆弧运动指令路径

（4）绝对位置运动指令 MoveAbsJ

绝对位置运动是使用工业机器人 6 个轴和外轴的角度值来定义目标位置数据的运动，因此 MoveAbsJ 指令语句中创建并定义的程序数据类型必须为关节位置数据 jointtarget，通过 MoveAbsJ 指令可以使机器人 6 轴和附加轴均运动到数据 jointtarget 所表达的关节位置处。

MoveAbsJ 指令常用于机器人归零操作，使机器人的六个轴均回到其各自机械零点（0 度）的位置。

以上指令在添加时，会在指令语句中自动生成与指令相对应的程序数据，然后可以对生成的数据进行"修改位置"操作而实现对其定义，这是创建并定义程序数据的另一种方式。

✖ 项目练习与考评

编程实现在两个相同台位上书写"万"字

（1）训练目的

熟练掌握机器人 RAPID 编程方法，在实际应用中更深刻理解工具坐标、工件坐标的含义和功能，在调试中比较 4 种运动指令的区别，体会总结指令选用的规律技巧，为后续学习打下基础。

（2）训练器材

工业机器人　　1 套

（3）训练内容

① 为画笔工具创建工具 TCP；

② 为两个台位分别创建工件坐标系；

③ 编写取工具程序并调用以安装画笔工具；

④ 编程实现使用画笔工具写出"万"字并复制到第二个台位；

⑤ 调试程序以优化书写效果；

工件坐标系下画笔
工具的使用

⑥ 升级创新，书写或绘制其他字体图样。

注意：机器人取用画笔工具时应注意"Offs"功能的使用。在本工作站中快换工具模块的取换工具操作通常是直上直下的运动，机器人工具法兰移动到画笔工具上方一定距离后稍做停顿，再缓缓竖直下落至距离工具安装面1mm位置处停下，然后手动控制使法兰上钢珠伸出，卡住工具上的凹槽，实现工具与工具法兰的紧固，然后再原路返回将画笔工具竖直向上抬离至其上方一定距离处，稍做停顿后继续返回零点位。"工具上方一定距离处"和"距离安装面1mm处"之间的运动是通过"Offs"功能实现的，"Offs"功能即在目标位置的基础上偏移一定位移，只需手动示教一个点，即"距离安装面1mm处"这个点，示教后将位置修改给一个新建的"robtarget"位置数据，假设命名为"p10"，则"工具上方一定距离处"这个点无需示教，只需在"p10"基础上沿Z轴方向偏移一定距离即可，于是常常使用语句"MoveJ Offs（p10,0,0,150）,v200,fine,tool0/wobj0"来实现偏移，语句中"150mm"可调试更改，根据实际需要自行取值，而"Offs（p10,0,0,150）"实际代表一个点，执行该语句即是使机器人采用关节运动方式移动至该点，即移动至"p10"点竖直上方150mm处，然后再竖直下落至p10点，由于是直线运动，因此竖直下落的程序语句可选用"MoveL"指令。

"Offs"功能的调用步骤如图9-7所示。选中待添加"Offs"功能的参数"<EXP>"，然后在"数据"右侧的"功能"模块中找到"Offs"后单击，则"<EXP>"变成"Offs"语句，该语句格式中有4个待设置的参数"<EXP>"，其中第一个为偏移基准点，后面3个参数分别是X轴、Y轴和Z轴偏移量数值，单位为mm，描述偏移点相对于基准点在3个坐标轴上的偏移程度，第一个参数直接在"数据"模块中单击目标点位即可，依次选中后面3个参数后点击"编辑"项目下的"仅限选定内容"，在弹出的编辑页面中填入合适的数值并点击"确定"即可逐一实现参数设置，所有参数配置结束后最终点击"确定"便完成"Offs"功能的调用。返程时可将去程的程序语句复制粘贴，尽可能充分利用已示教的点位。

在进行大路径运动时，最好在路径中设置若干"中间过渡点"，以帮助机器人规划最优路径，避免奇点与碰撞等问题的出现，"中间过渡点"的数目及具体位置均可依据情况自行安排。新建一个"robtarget"数据后，手动操纵机器人到达理想过渡点，然后将位置修改给新建的数据，就可以在编程中使用该过渡点，即通过运动指令使机器人先到达过渡点，再由过渡点继续移动至下一个位置点以保证路径的平滑可靠。

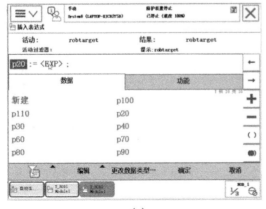

(a)

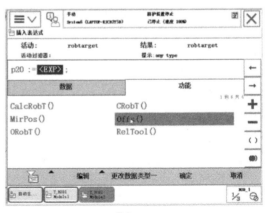

(b)

图 9-7　"Offs"功能调用步骤

在两个台位上分别固定一张白纸以备写字之用，本训练项目中需要手动示教若干点位，基础程序中可选用"MoveL"指令来写字，优化程序中可尝试"MoveC"指令，调试后最终达到最佳展示效果。

创意升级环节中可尝试所有运动指令，设计更多样化的字体图样，例如利用逻辑循环指令等绘制复杂图样，尽可能简化程序语句而丰富绘制效果，RAPID 编程中逻辑循环指令的用法与功能同 C 语言，在示教器中"添加指令"选项下选中并调用即可。

（4）训练考评

编程实现机器人在两个相同台位上书写"万"字考核配分及评分标准如表 9-2 所示。

表 9-2　编程实现机器人在两个相同台位上书写"万"字考核配分及评分标准

项目环节	技术要求	配分	评分标准	得分
为画笔工具创建工具 TCP	熟悉操作步骤，快速创建工具 TCP 且精度较高	10 分	1. 又快又好得 10 分； 2. 操作有瑕疵酌情扣分	
为两个台位分别创建工件坐标系	熟悉操作步骤，快速创建工件坐标系且精度较高	10 分	1. 又快又好得 10 分； 2. 操作有瑕疵酌情扣分	
编写取工具程序并调用以安装画笔工具	机器人可从零点位置安全到达快换工具模块，取走画笔工具并回到零点位，全程注意机器人运行的安全距离	20 分	1. 又快又好得 20 分； 2. 操作有瑕疵酌情扣分	

续表

项目环节	技术要求	配分	评分标准	得分
编程使用画笔工具写出"万"字并复制到第二个台位	编程驱动机器人完成字体书写，字体应清晰可辨认，再利用工件坐标系快速实现复制	40 分	1. 快速准确完成得 40 分； 2. 完成但未使用工件坐标系得 20 分； 3. 操作有瑕疵另行酌情扣分	
调试程序以优化书写效果	调试其他运动指令，设计优化以使字体更美观	10 分	1. 调试后效果明显有改善得 10 分； 2. 效果不明显可依据实际情况酌情扣分	
升级创新，书写或绘制其他字体图样	充分发挥不同运动指令的特征特色，学以致用，创意绘制	10 分	依据创新情况、对不同指令的驾驭程度、升级难度情况等酌情给分	

✎ 思考与讨论

1. MoveL 指令实现的是什么运动？
2. MoveC 指令语句格式中包含几个位置目标点？
3. 转角数据"z50"的含义是什么？
4. "VAR 变量"和"可变量 PERS"的含义分别是什么？二者区别在哪里？

项目十　工业机器人工作站编程与联调

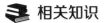 **相关知识**

西门子 TIA 博途软件

TIA 博途（Totally Integrated Automation Portal）是西门子工业自动化集团发布的一款全新的全集成自动化软件，是业内首个采用统一的工程组态和软件项目环境的自动化软件，可在同一开发环境中组态西门子的所有控制器、人机界面和驱动装置，在控制器、人机界面和驱动装置之间建立通信时的共享任务，可大大降低可编程控制器连接和组态成本。

项目任务

任务一　工业机器人工作站编程基本操作

双击软件图标 TIA，在页面中可以进行"打开现有项目""创建新项目""移植项目"等操作，点击"创建新项目"，页面如图 10-1 所示，修改"项目名称"及存储路径后点击下方"创建"按钮并选择左下角"项目视图"即可看到图 10-2 所示页面。

如图 10-3（a）所示，双击左侧项目树中"添加新设备"，在图 10-3（b）所示页面中点击"控制器"，根据现场 PLC 实物选择与之一致的型号，这里以图中所示型号为例，版本选择 V4.2 然后点击"确定"。

如图 10-4 所示，在"设备视图"页面下从右侧"目录"中查找实际所需要的配件并添加，例如图中添加了三个通信模块及两个 DIDQ 模块，其中一个通信模块为内置型 4 路数字量输入模块，如图 10-5 所示，将其拖拽至图 10-4 中矩形框位置即可，另外两个通信模块如图 10-4 中横线指示，将其拖拽至操作区中 PLC_1 左侧。DIDQ 型号如图 10-4 中椭圆指示，找到相应型号后选择该型号下第二个订货号，将其拖拽至操作区中 PLC_1 右侧。

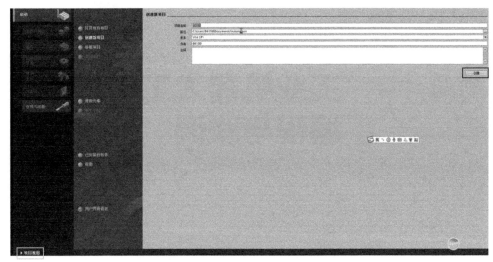

图 10-1 TIA 博途"创建新项目"页面

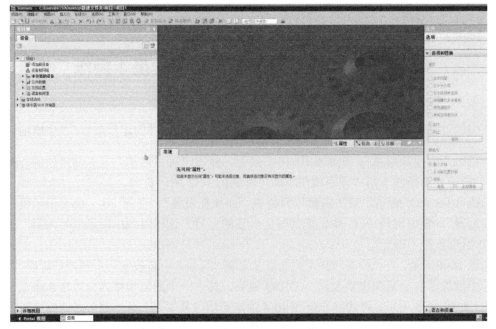

图 10-2 项目视图模式下的新建"项目 1"

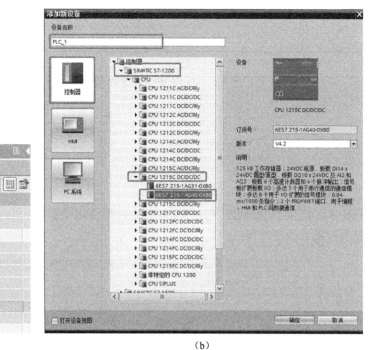

(a)　　　　　　　　　　　　　　　　(b)

图 10-3　"添加新设备"页面

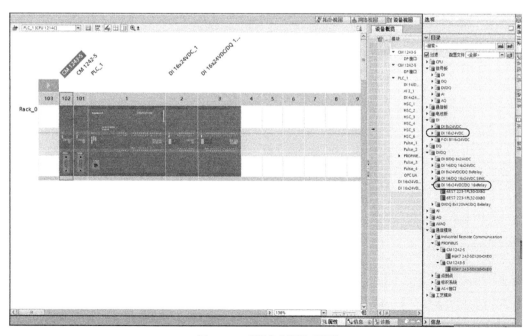

图 10-4　"设备视图"页面

图 10-5　4 路数字量输入模块

选中"PLC"，在"属性"栏目下将 IP 地址修改为需要的地址，如图 10-6 所示，应与 PC 在同一网段，且不能冲突。

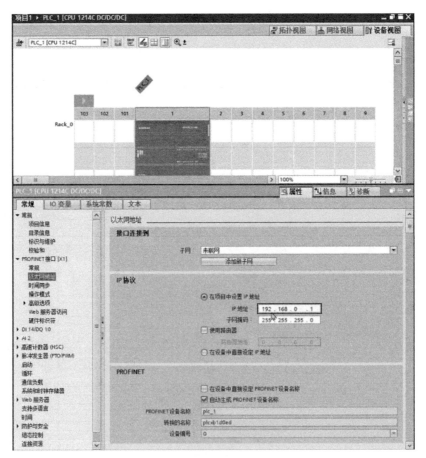

图 10-6　设置 PLC 的 IP 地址

接着为 PLC 配置 I/O 地址，如图 10-7 所示，点击"I/O 地址"选项，可看到系统自动为 PLC 分配的输入输出地址区间均为 0～1，从 0.0 到 1.7 总共分配 16 个输入点位以及 16 个输出点位。

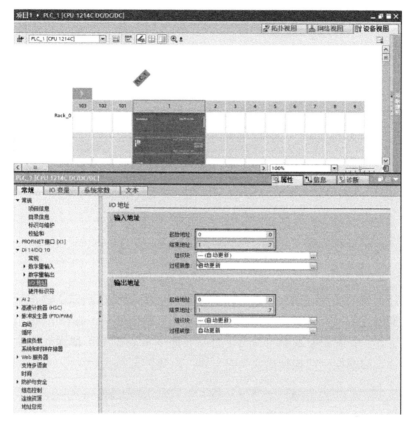

图 10-7 "PLC_1"的 I/O 地址配置

　　除 PLC 外，对新添加的 I/O 模块同样需要进行 I/O 地址配置，如图 10-8 所示，可以将 "PLC_1"右侧第一个 I/O 模块的输入输出起始地址均修改为"2"，右侧第二个 I/O 模块的输入输出起始地址均修改为"3"，应确保与图 10-7 中"PLC_1"块的 I/O 地址不冲突，即"0~1"不可用，因为"0~1"已被"PLC_1"占用，然后根据 I/O 模块实际点位数来修改结束地址。

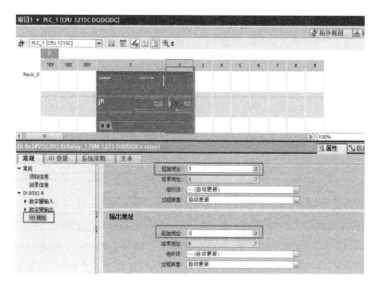

图 10-8 I/O 模块的 I/O 地址配置

在"项目树"中展开"PLC 变量"，双击"默认变量表"，如图 10-9 所示。

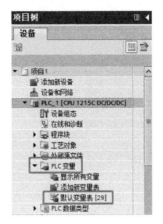

图 10-9 默认变量表

根据事先规划好的变量和地址，添加所需变量，如图 10-10 所示，除图示"%M"型中间变量以外，通常还有"%I"型输入变量和"%Q"型输出变量，在任务实施时，做好变量表是前期准备工作，变量表如表 10-1 所示。然后按照变量表在 TIA 博途软件中添加变量，也可以直接编程，一边编程一边根据需要新建变量，新建的变量会自动添加在"变量表"中。

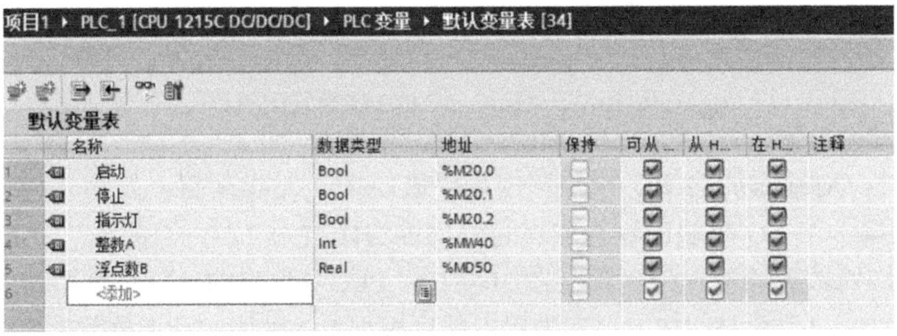

图 10-10 添加所需变量

表 10-1 变量表

变量	类型	地址
机器人_轨迹完成	Bool	%I4.5
机器人_分拣完成	Bool	%I4.6
变位机控制 A	Bool	%Q0.0
变位机控制 B	Bool	%Q0.1
启动指示	Bool	%Q0.3

展开"项目树"中"程序块"，双击"添加新块"来添加一个子程序，如图 10-11 所示。在打开的页面中选中"函数"，如图 10-12 所示，修改名称，修改编程语言为"LAD"，然后点击"确定"后即可在"项目树"看到新生成的函数块"块_1[FC1]"，如图 10-13 所示。"LAD"即梯形图语言，以西门子 S7-1200 PLC 为例，点击图 10-12 中"语言"选项的下拉按钮，打开的下拉框中还有另外两种选择，一种是"FBD"，即功能区块图语言，另一种是"SCL"，

即结构化文本类语言；如果是西门子 S7-1500 PLC，则此处会多出一种"STL"，即顺序功能流程图式语言，通常编程中使用的语言以"LAD"和"SCL"两种居多。

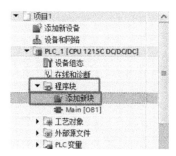

图 10-11 添加新块

图 10-12 新块设置

图 10-13 新块生成

双击"块_1[FC1]"将其打开，如图 10-14（a）所示，上方有常用触点和线圈等符号。点击右侧方框部分的指令图标可弹出各类型编程指令，如"位逻辑运算""定时器操作""计数器操作"等，根据任务需求合理选用，如图 10-14（b）所示，将需要的指令或线圈触点等直接拖拽到程序段，然后为其配置变量，可将之前已创建好的变量填入对应的指令中，如果之前没有在变量表中创建变量，也可以在这里直接将变量写入指令，则变量就会自动生成并存储在变量表中。

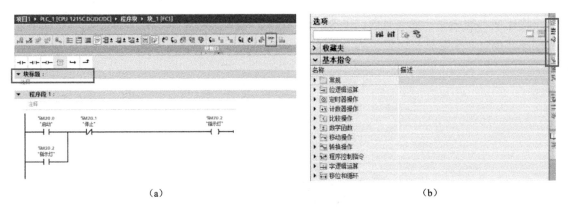

(a) (b)

图 10-14 "块_1[FC1]"编程区域

假设在"块_1[FC1]"中只编写如图 10-14（a）中的一行简单程序。如图 10-15 所示，在左侧"项目树"中选中需调用的子程序，例如"块_1[FC1]"，用鼠标左键按住"块_1[FC1]"并拖拽至主程序相应位置，如图 10-15（b）所示，就完成了对"块_1[FC1]"的调用，其他子程序的调用方式也是如此。

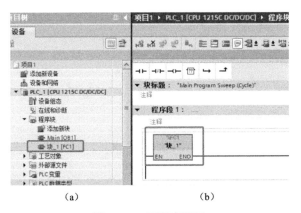

(a) (b)

图 10-15 子程序调用

在左侧"项目树"中选择 PLC_1［CPU1215C DC/DC/DC］，然后点击工具栏中"编译"按钮 ，检查程序是否有问题，如图 10-16 所示。

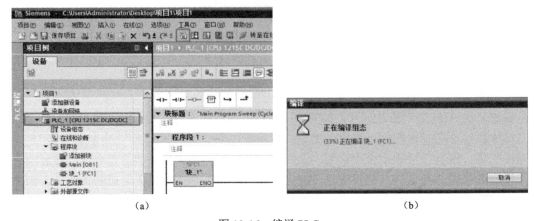

(a) (b)

图 10-16 编译 PLC

编译完成后会在下方输出窗口中显示相应的提示,例如语法错误或警告等,一般警告无需处理,但语法错误是需要返回程序块排查并修改的,否则无法下载。编译无误后点击工具栏中编译图标右侧的"下载"按钮 ,将程序下载至 PLC 中。接口选择如图 10-17 所示,点击"开始搜索",选中搜到的 PLC 后,"下载"按钮会呈现可选状态,点击"下载"按钮,就会弹出图 10-18 所示页面,在下载之前进行检查,检查无误后,点击"装载"按钮,装载完成后根据实际情况选择"无动作"或"启动模块",然后点击"完成",见图 10-19。

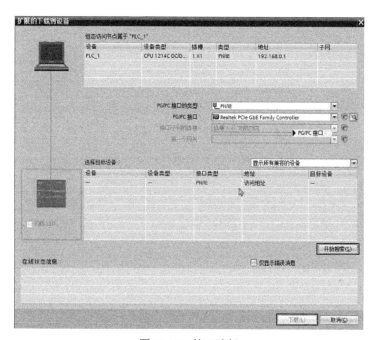

图 10-17 接口选择

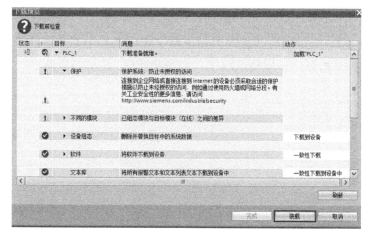

图 10-18 下载前检查

操作完成后选中左侧"项目树"中的 PLC 整体模块,点击"转至在线"按钮 ,如图 10-20 所示,当左侧"项目树"中显示绿色圆球,表明已经转至在线。转至在线后点击"启用/禁用监视"按钮 ,开始监控 PLC 程序。

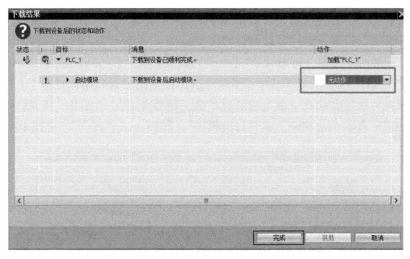

图 10-19 操作完成

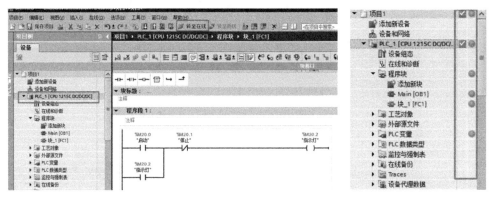

图 10-20 转至在线

然后点击"启动 CPU"按钮![icon]，在弹出的对话框中点击"确认"后 PLC 转至运行状态，如图 10-21 所示，此时可看到程序语句变换了颜色，其中绿色实线表示导通状态，蓝色虚线则表示未导通状态。如需修改程序，则需将 PLC 转至离线状态，修改后再次下载即可。

图 10-21 CPU 运行状态下的程序语句

根据具体任务需求及任务系统规模，合理规划并添加若干子程序块，每个子程序块中有相对独立的逻辑和变量，当子程序不唯一时，子程序名称应设置为与其功能相关，便于识读理解程序和梳理任务框架，例如图 10-22 所示，程序块结构与框架一目了然，子程序编写完成后，应在主程序"Main"中调用所有子程序，从而在主程序"Main"中实现所有子程序的合并，统一于主程序，作为全局程序块的一部分，为实现整体任务功能而协同合作。

图 10-22　程序块架构

任务二　PLC 与触摸屏的连接

点击图 10-3（a）中"添加新设备"，根据需要再次添加 PLC、HMI 触摸屏、PC 系统或驱动。安装 TIA 博途软件时如果加装了驱动安装包，则会出现如图 10-23 中所示的页面，否则此页面只有前 3 种设备。在右侧硬件目录中查找与实物 HMI 型号一致的订货号，将其拖拽至"网络视图"页面的操作区同样可以完成 HMI 设备添加，拖拽到位就等于添加新设备，在左侧项目树中会自动生成 HMI 的设备模块，如图 10-24 所示。然后鼠标单击某一设备上绿色方框并拖拽至另一设备的绿色方框后再释放，即可在两设备间生成"PN/IE_1"连接，从而实

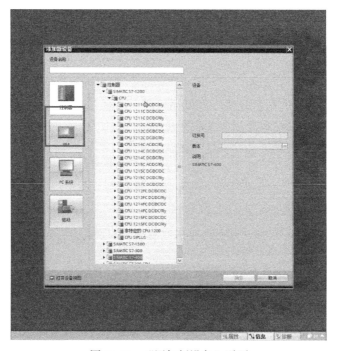

图 10-23　"添加新设备"页面

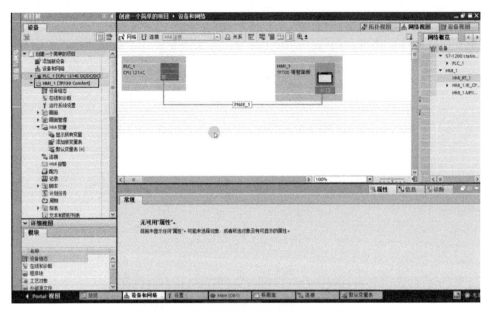

图 10-24 "网络视图"页面添加 HMI 设备

现初步组网,将现场实物之间通过网线实现的硬件连接在博途虚拟平台上也对应地搭建起来。单击 HMI 的绿色方框可以打开 HMI 的 IP 地址设置页面,同样需将其 IP 地址修改为与 PLC 同一网段且与该网段内所有设备的 IP 地址不冲突。

如果 HMI 的控制任务较为简单,则可以直接使用根画面来完成,通过打开 HMI 设备块,双击"根画面"选项即可打开根画面视图,如图 10-25 所示。右侧有常用对象和元素,拖拽按钮和圆形对象至根画面,其中按钮通常是控制按键,通过按动按钮的动作实现对其关联变量的控制,右键点击"按钮",选中"属性",修改其名称,如图中修改为"开关",然后在"事件"选项中为其配置关联变量,例如图中关联变量名称为"启动开关",是一个"%M"型中间变量,选择"事件"为"编辑位"中的"取反位",动作形式为"单击",即每单击一次该按钮,变量"启动开关"的值就取反一次,若当前"启动开关"为 1,单击"开关"按钮后,变量"启动开关"变为 0,再单击一次"开关"按钮,则变量"启动开关"又取反为 1。圆形对象则是其关联变量状态的显示载体,可以通过对"动画"选项中的"外观"进行配置,实现在 HMI 屏幕上实时而直观地显示其关联变量的状态,如图 10-26 所示。与圆形对象关联的变量名称为"1 号气缸",是一个"%Q"型输出变量,当该变量为 1 时,圆形对象显示为绿心黑边;当该变量为 0 时,圆形对象显示为默认的灰心黑边。这样就完成了根画面的简单配置,下载至 HMI 后,则实物 HMI 画面随即更新为与虚拟根画面完全相同的状态,同时使 PLC 处于"RUN"状态,此时单击实物 HMI 屏幕上的按钮,PLC 的中间变量"启动开关"随即取反值,而通过实物 HMI 屏幕上的圆形可以实时监视 PLC 的输出变量"1 号气缸"的状态。

为了提高信息可读性,可以点击右侧"基本对象"中的文本,输入"A",在圆形对象旁边输入文字说明,使得该对象的意义内涵清晰明了,例如图 10-26 中的"1 号气缸"字样。

HMI 画面设计中还有很多元素和对象,例如本项目中还会用到数显元素来显示相机反馈的抓取位置坐标值等,将需要显示数值的变量与该元素关联即可。有兴趣的同学可以自行拓展一下其他元素和对象的运用方式。

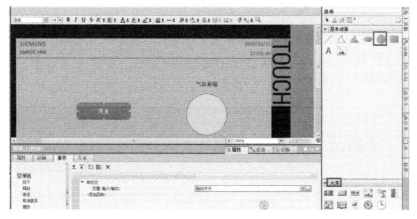

图 10-25　根画面视图中按钮的事件设置

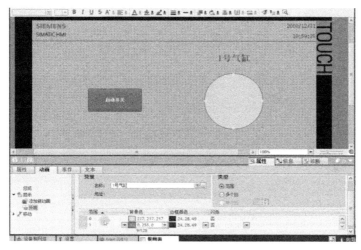

图 10-26　根画面视图中圆形对象的动画设置

如果 HMI 的控制任务较为复杂，一个根画面不足以完成展示时，可以通过双击"添加新画面"另行添加多个画面，如图 10-27 所示，多个画面之间相对独立，每个画面的设置方式与逻辑同根画面是一样的，但内容可以各有针对性和侧重点。选定其中一个画面将其定义为

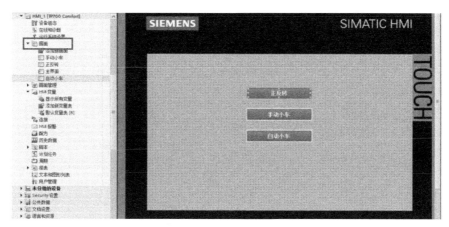

图 10-27　多画面 HMI

开机起始画面，选中该画面直接点击鼠标右键即可设置，打开开机起始画面，然后依次点击其余画面，将其分别直接拖拽至开机起始画面中，即可生成画面对应的按钮。下载成功后，实物 HMI 开机首先显示的画面即为图 10-27 所示的起始画面，当点击其上某个按钮时，屏幕画面随即切换到对应子画面。

任务三　PLC 对伺服电机的速度位置控制

在本项目中需要用 PLC 对变位机中伺服电机的伺服驱动器以及旋转供料中步进电机的步进驱动器分别进行控制，这两种控制的实现方式是类似的，对于 PLC 而言，伺服电机与步进电机相当于外部控制轴，因此首先在左侧"项目树"中双击"工艺对象"的"新增对象"，如图 10-28 所示，弹出如图 10-29 所示的对话框，选中"运动控制"，在名称栏中选定

图 10-28　新增对象

图 10-29　新增对象设置

"TO_PositioningAxis"定位轴，这是一种脉冲控制伺服电机或者步进电机的模式，即利用PLC的脉冲输出端口向驱动装置发送脉冲来实现定位控制，然后将轴名称修改为"变位机"并点击"确定"，该轴映射控制器中的物理驱动装置，在PLC端通过调用运动控制指令实现对驱动装置的控制。

点击图10-29中"确定"后，随即来到"变位机"轴常规参数配置界面，如图10-30所示，"常规"中"脉冲发生器"选择"Pulse_1"后下方会自动出现"Pulse_1"相关参数，PLC端脉冲输出端口是固定的，不同型号PLC的脉冲发生器个数是不同的，即所能控制的轴对象个数是不同的，此处选择任意一个可用的脉冲发生器即可，"%Q0.0""%Q0.1"是与"Pulse_1"绑定的系统自动配置的不可修改的输出端口，其中"%Q0.0"端口发送脉冲，脉冲的频率即是电机的速度，脉冲的个数可以控制电机运转的位移，"%Q0.1"端口输出一个开关量，开关量接通和断开两种状态分别对应被控电机转动的两个不同方向。

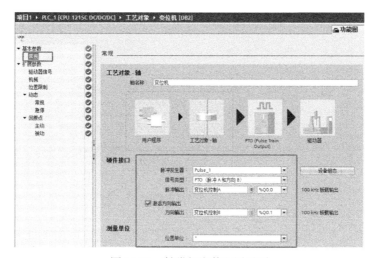

图10-30　轴常规参数配置界面

这里有一个前提设置需要关注一下，在PLC端对CPU进行组态时，右侧"设备概览"下选中"Pulse_1"等若干脉冲模块，同时下方"属性"栏"常规"项目中应分别勾选"启用该脉冲发生器"选项才能保证该脉冲发生器在轴组态时是可选用状态。另外"位置单位"是任意选择的，应与项目任务实际相匹配。

驱动器信号是配置驱动器使能信号与就绪反馈信号的，可以选择一个PLC参数来触发驱动器使能信号，如不需要配置使能参数，该项保持默认状态即可；机械参数是配置脉冲个数与电机转动效果之间的关系的，如图10-31所示，每转一周需要"1000"个脉冲，该页面数值根据驱动器内的设置值来填写，与驱动器中对应参数的数值保持一致即可。

位置限制是指电机运动是有范围和边界的，到达极限位置时会启动制动限制措施，参数配置页面如图10-32所示，有硬限位开关和软限位开关，硬限位开关通常指的是光电传感器，点击"硬件下限位开关输入"和"硬件上限位开关输入"的下拉按钮，选择PLC的"%I"类输入变量作为限位开关输入，默认为"低电平"，即该"%I"类输入信号为低电平时PLC认为被控电机到达了限位处，如果光电传感器接入的是常开触点，即常态下该触点为断态，与之关联的PLC输入信号为低电平状态，则此页面的电平应选择"高电平"这个异于常态的激励态，将电机运动已逼近边界的状态信息传递给PLC。

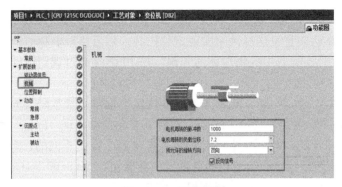

图 10-31   机械参数

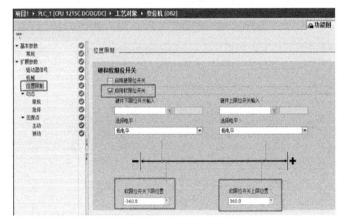

图 10-32   位置限制

软限位开关不是真的开关，而是在软件中以位置参数数值来限定电机运动范围，当超出位置范围时会启动相应制动措施。

"动态"中"常规"和"急停"的参数配置是围绕电机运动的动态特性展开描述的，如图 10-33 所示，包括速度、加速度等，该页面参数应依据项目任务实际调整大小，通过试验调试找到最佳数值，其中"速度限值的单位"应选择与"常规"参数中"位置单位"相关的单位，例如"位置单位"选择"mm"，则此处速度单位应选择相关的"mm/s"。

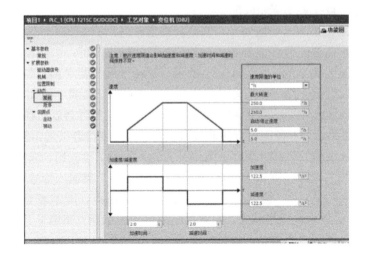

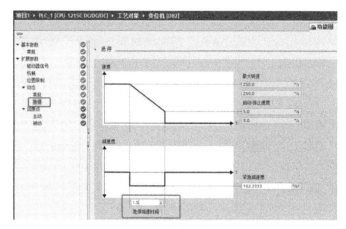

图 10-33 动态参数配置界面

回原点通常以"主动"回原点为主要方式，其参数配置页面如图 10-34 所示，原点即参考点，有了原点后电机运动的绝对位移就是清晰明确的，回原点即电机从当前位置运动到原点并停止的过程。首先需要选择一个 PLC 的"%I"型输入变量作为"输入原点开关"，也是一个光电传感器，每当该传感器发送激励信号时，就是电机运行到原点的时候，例如旋转供料模块中传感器"ORG1"，该信号作为输入信号接入 PLC，向 PLC 传递电机运行到原点的信息，供料之前首先回原点，从原点再出发而产生的绝对位移是 PLC 可以轻松获知的。"选择电平"中"高/低电平"含义和选用规则同上，"逼近/回原点方向"指的是电机从当前位置沿正方向回原点还是沿负方向回原点，例如旋转供料模块的转盘可以顺时针回到"ORG1"处，也可以逆时针回到"ORG1"处，方向设置就在此处完成，"参考点开关一侧"指电机是当检测探头前端刚到达原点就停止还是当检测探头末端刚离开原点就停止的选择。下方速度选择可依据实际效果调试出最佳数值。

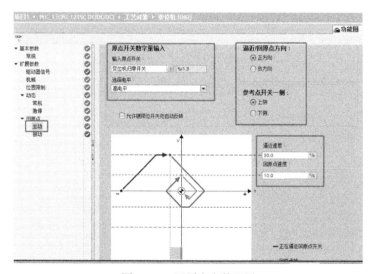

图 10-34 回原点参数配置

工艺轴参数配置完成后，点击"添加新块"来为工艺轴的控制编写程序，如图 10-35 所示，双击新程序块将其打开。在右侧"工艺"模块中找到"Motion Control"栏目，将其下运动控制指令拖拽至程序段上，实现对工艺轴的不同控制。以图 10-36 中"MC_Power"指令为例，该指令为启动/禁用轴指令，引脚"Axis"指明轴对象为刚刚配置完成的"变位机%DB2"，引脚"Enable"标明该轴状态，其中"True"表示该工艺轴已启用，"False"表示禁用该工艺轴，引脚"StopMode"标明当"Enable"为"False"时，该轴将以什么模式停止运动，默认值为"0"，选中"MC_Power"指令并点击"F1"按键，会弹出该指令的帮助页面，如图 10-37 所示，帮助页面会详细介绍指令中各引脚含义，其中可以看到"0"指"紧急停止"，即以组态的急停减速度减速制动，待速度降为 0 后禁用该轴。引脚"ErrorID"返回一个 16 位错误代码，存储在字变量"%MW614"中，通过查看该指令的错误代码表可以明确返回代码的意义与内涵，即错误释义，据此找出排故方向。其余引脚根据需要可绑定也可不绑定变量，绑定变量时指令反馈的信息更全面完整，不绑定时编程相对简单快捷一些，指令的基本功能也已具备。

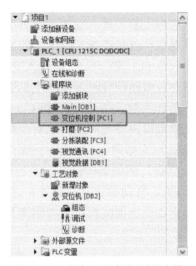

图 10-35 添加工艺轴控制程序块

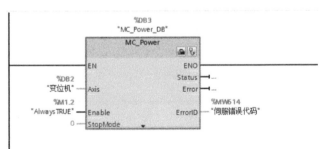

图 10-36 运动控制指令示例

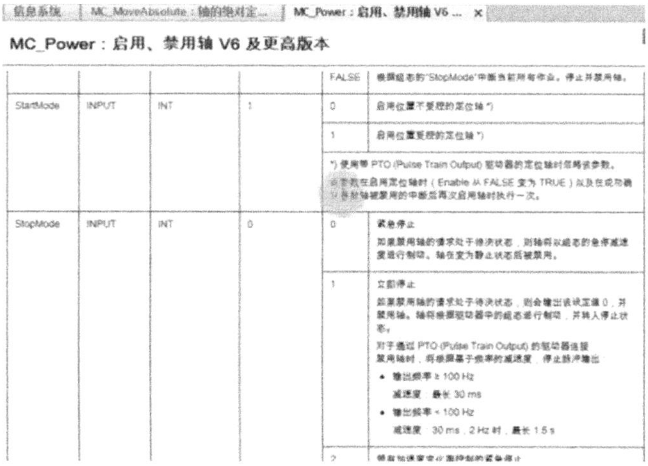

图 10-37　指令帮助页面

除了"启动/禁用"功能外，通常还需要"重启""归位""暂停""以绝对方式定位""以相对方式定位"等功能，共同形成工艺轴控制系统，每个功能在"Motion Control"栏目中都可以找到对应的指令来实现该功能，将指令分别拖拽至程序段后依次配置各引脚即可，同样可以在指令帮助页面查看各引脚含义，并据此为引脚绑定合适的变量，PLC 利用通信指令，以变量为载体与机器人相互传送信息，PLC 通过引脚上绑定的变量将机器人发送的控制信息传递给轴运动控制指令来执行，而轴运动最终映射到伺服电机和步进电机的运动上，PLC 将二者执行响应结果以变量为载体再反馈给机器人，实现 PLC 对工艺轴运动的全面直接控制以及机器人对变位机模块、旋转供料模块的间接控制。

学习博途软件过程中应养成查看指令帮助页的习惯，快速获取关键信息，高效精准地理解和掌握指令的内涵精髓与使用方法。

任务四　视觉软件安装与使用

前文介绍了工业相机机械安装与电气安装等硬件内容，但如果没有视觉编程软件，相机仍无法发挥其视觉识别功能。本项目以视觉软件 In-Sight Explore 6.1.0 为例展开介绍，该软件为 cognex 康耐视相机的标配视觉编程软件，按照向导提示进行软件安装。软件安装完成后可看到该软件在计算机桌面上的图标如图 10-38 所示。

图 10-38　视觉软件 In-Sight Explore 6.1.0 图标

软件使用前首先需进行配置，如图 10-39 所示，点击"将传感器/设备添加到网络"按钮，弹出搜索对话框，如图 10-40 所示，点击"刷新"按钮，搜索在网络中的相机，如果搜索不到，可以按照提示将相机断电并重新通电后再次点击"刷新"按钮。

图 10-39   点击"将传感器/设备添加到网络"按钮

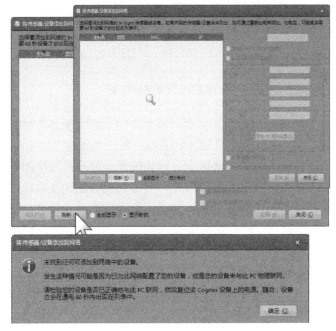

图 10-40   搜索对话框

如图 10-41 所示，选中搜到的相机，修改"主机名"，并将"IP 地址"修改为与 PLC 在同一网段内，然后点击"应用"。

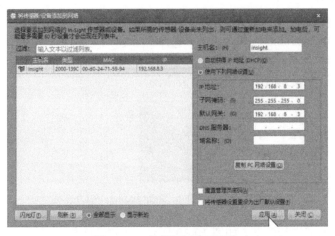

图 10-41   将相机添加到网络

在相机软件主界面，双击新添加的相机"Insight"，如图 10-42 所示，点击"设置图像""实况视频"后看到相机拍摄画面，然后调整相机焦距，在下方"灯光"栏目中将曝光方式设置为"自动曝光"，滑动调整"光源强度"使显示的图像更清晰。

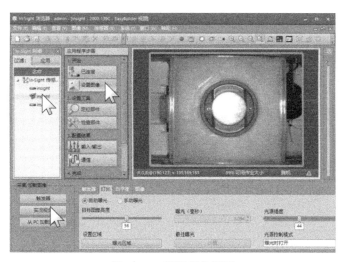

图 10-42　设置图像界面

继续点击左侧"触发器"，选择"工业以太网"，即相机联网时将采用以太网通信的方式触发拍照。

接着进行工件形状及坐标识别，采用"图案定位"工具来识别工件，打开背光源灯光，强光将隐去工件颜色而凸显工件形状特征，例如图 10-43（a）所示，取消实况视频模式，点击"定位部件"后双击"图案"工具，随即拍摄画面如图 10-43（b）所示，拖动鼠标调整外侧"搜索框"和内部"模型框"的大小，使得"搜索框"将工件可能出现的位置都涵盖进去，保证相机可以捕捉到工件；"模型框"将工件关键特征涵盖进去，保证相机可以准确识别该工件。调整合适后点击"确定"即可完成该工件的识别。

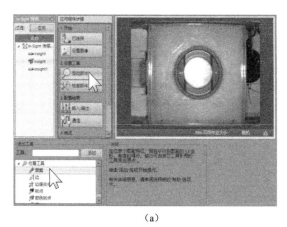

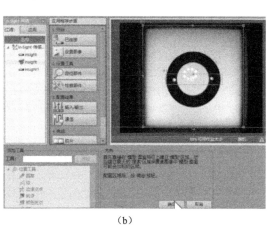

（a）　　　　　　　　　　　　　　　　（b）

图 10-43　图案定位

识别完成后可根据实际需要更改识别属性，如图 10-44 所示，为工件设置"名称"，调整"模型区域""部件查找范围""旋转公差"等，使得该工件的识别更精准可靠。

图 10-44　识别属性更改

　　采用同样的方法添加工具并识别其他工件，如图 10-45 所示，"模型框"覆盖工件外形关键特征，使得相机可以区分不同工件。

图 10-45　识别其他工件

　　接着是工件颜色识别，此时需要关闭背光源灯光，点击"检查部件"并双击"颜色像素计数"，形状选择"矩形"，调整粉色识别框的大小，将工件可能出现的位置都涵盖进去，然后点击"确定"，见图 10-46。

　　接着点击"训练颜色"，如图 10-47（a）所示，为该颜色设置"名称"，例如"红色""蓝色""黄色"等，点击图 10-47（b）中"吸管+"按钮，鼠标随即变成"吸管"样式，移动至工件上需要识别颜色的区域，此时在（b）"放大的区域"中能看到实时的颜色，点击鼠标左键，选定颜色，完成颜色选择，即完成该颜色识别。

　　如图 10-48 所示，在右侧"结果"项目中可以看到刚刚学习的颜色"红色"，前方圆圈为绿色，说明当前相机拍到的工件即为红色工件，"红色"识别结果为"通过"，如果换其他颜色工件，则颜色"红色"前的圆圈将变为红色，意为"红色"识别结果为"不通过"，即当前工件不是红色的。双击"红色"可以修改其颜色属性，包括"名称""通过范围"等。再次

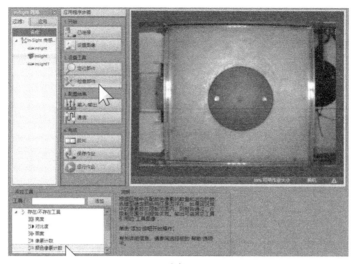

（a）

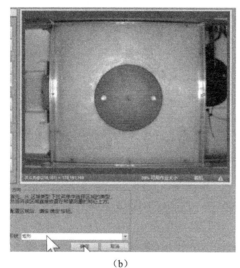

（b）

图 10-46　颜色像素计数工具

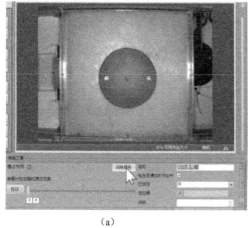

（a）

（b）

图 10-47　识别颜色

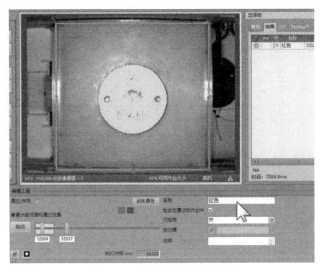

图 10-48　颜色"红色"属性

点击"训练颜色"可以增加新颜色或者删除已添加的颜色，使用同样的方法来学习其他工件颜色。

　　所有工件外形及颜色学习完成后可以保存作业，即将相机学习的整体内容资料以作业形式保存下来，方便下次直接取用。首先点击"文件"并选择"保存作业"，点击"In-Sight 传感器"并双击"insight"，打开相机保存路径，输入文件名，例如"job1"，并点击"保存"。

　　接着设置相机开机启动作业，点击"保存作业"后勾选"以在线模式启动传感器"选项，如步骤 4 所示，表示相机通电时自动切换为联机模式。然后点击作业后的"..."按钮，勾选"在启动时加载作业"选项，选择需要上电即启动的作业的名称，例如刚刚保存的"job1"，最后点击"确定"。经以上设置后，相机下次通电时将自动加载设置好的作业且自动进入联机模式。作业保存及开机启动设置步骤如图 10-49 所示。

　　作业保存完成后接下来进行与 PLC 间的通信设置。如图 10-50 所示，在相机脱机模式下，点击菜单栏中"传感器"并打开"网络设置"对话框，输入主机名"insight"，"工业以太网协议"选择"PROFINET"后点击"设置"，弹出"PROFINET 设置"对话框，勾选"启用PROFINET 站名"选项并输入站名"insight"，点击"确定"即完成"PROFINET 设置"并返回"网络设置"对话框，最后点击"确定"完成通信设置，重启相机以使设置生效。

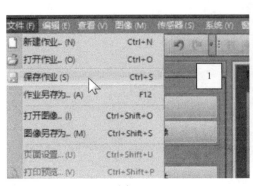

（a）

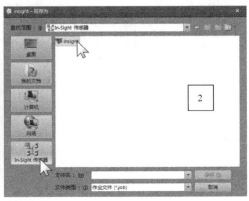

（b）

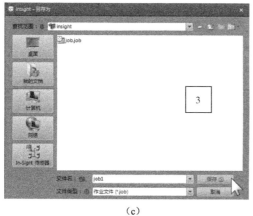

（c）

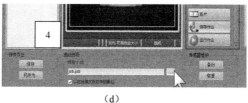

（d）

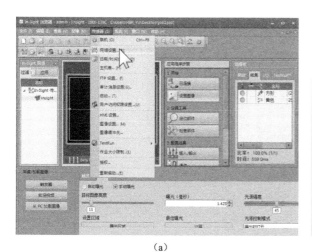

（e）

图 10-49 作业保存及开机启动设置步骤

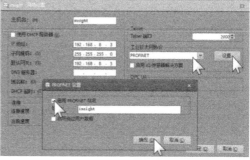

（a）

（b）

图 10-50 网络设置

如图 10-51 所示，网络设置完成后点击"通信"以及"添加设备"，"设备"选择"PLC/Motion 控制器"，"制造商"选择"Siemens"，"协议"选择"PROFINET"，然后点击"确定"。

图 10-51 添加通信设备

设备添加完成后，点击"格式化输出数据"以及"添加"，从相机数据中选择需要的数据向 PLC 输出，供 PLC 分析处理，如图 10-52 所示，从数据列表中挑选并添加"格式化输出数据"，而数据列表中的数据来自相机图像采集与初步处理的结果，根据项目实际需要添加输出数据，例如本项目中用到工件种类、颜色和坐标位置等数据，依次添加后为其选择正确的数据类型，"高字节/低字节""高字/低字"两选项都勾选上。

图 10-52 选择相机输出数据

输出数据添加完成后，随便放置一个相机已学习过的工件在拍照位，点击"触发器"，软件开始识别工件的类型、位置和颜色并将识别结论显示在右上角"结果"项目中，如果看到输出数据区的值和"结果"中的值一致，则证实输出数据的有效性，见图 10-53。经过以上过程，完成了相机 PROFINET 通信配置和输出数据的传输。

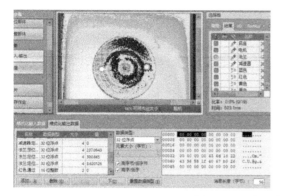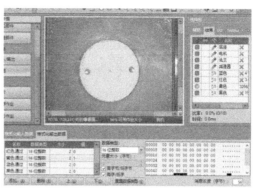

图 10-53 验证输出数据有效性

在本工作站内通常需要通过视觉相机识别当前已到达抓取位的工件颜色。如果工件颜色与基座相同，则机器人将进行抓取并装配；如果工件颜色与基座不同，则机器人抓取后将其丢弃于收纳盒，井式供料模块继续供料，传送带将工件运送到抓取位，相机继续对工件进行识别判断，直至装配完成。同时视觉相机需要识别当前抓取位上的工件是减速机还是法兰，减速机外观是一个实心圆饼，法兰外观则是在减速机的基础上沿着径向增加了一对凸耳，装配工艺上减速机较为简单，只要不偏斜就可以装入，法兰则需要其凸耳与基座凹槽恰好凹凸相对，才能被送入基座凹槽滑轨，转动 90° 后与基座锁死。装配顺序上通常是先装减速机，最后装法兰，锁死后装配完成，成品入库。如果当前工件被识别为与基座同色的减速机，则直接按照手动示教的点位抓取减速器并放至基座内，随后再识别到减速机，无论颜色如何都将被抓取至收纳盒，直至相机识别到与基座同色的法兰工件，机器人将按照 PLC 计算的偏移角度将法兰偏转后再装入基座，角度恰好能保证法兰精准进入基座，不会出现错位装不进去的情况。此处偏移角度指的是在某一示教点位基础上的角度偏移，其中某一示教点位的获取过程如下：首先将法兰放至抓取位并手动调整使其两侧凸耳连线恰好处于基坐标 X 轴方向，基座已经被夹爪紧固在变位机上，此条件下吸盘吸取法兰移动至基座上方，调整角度后保证由"此位置"沿工具坐标 Z 轴直线运动到基座表面时恰好凸耳精准进入凹槽，则"此位置"就是基准。每次井式供料模块推出工件，经传送带输送到抓取位的过程中，并不能保证工件到达抓取位时两侧凸耳连线每次都恰好是在基坐标 X 轴方向，相对于基准 X 轴方向转动的角度即为偏移角，被相机识别后将偏移数据送给 PLC，PLC 再转送给机器人，机器人沿原轨迹运行至"此位置"，然后在"此位置"的基准上沿工具坐标 Z 轴方向反向旋转偏移角度而进行角度补偿后，再继续直线移动法兰至基座，实现法兰在任意姿态下均能准确进入基座的目的。

接着在博途软件中点击"管理通用站描述文件（GSD）"，如图 10-54 所示，将"源路径"选择为保存相机 GSD 文件的路径，勾选需要安装的 GSD 文件，点击"安装"，为组态相机做好准备。

如图 10-55 所示，接着在"网络视图"页面将"Cognex Vision Systems"项目中的"In-Sight IS2xxx-CC-B"拖拽至网络视图中，并拖动鼠标将相机绿色框与 PLC 绿色框连接，意为二者之间的 PROFINET 通信。

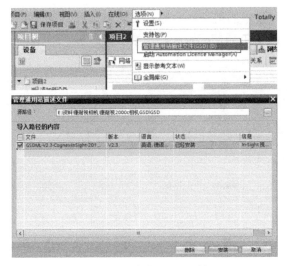

图 10-54　安装 GSD 文件

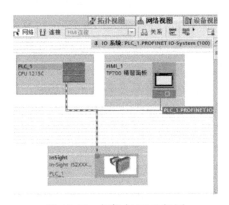

图 10-55　相机与 PLC 组网

　　如图 10-56 所示，继续进行相机属性设置，输入名称应与相机软件中配置的 PROFINET 站名一致，相机以太网地址应与相机软件中设置的 IP 地址一致。

图 10-56　设置相机属性

接着设置相机通信数据地址，如图 10-57 所示，设备视图下根据需要配置地址。"采集控制"等为输入输出变量，即触发相机拍照、设置联机模式等控制或状态数据，最后一行表示"结果" 250 个字节为 IB100...IB353，从 IB104 开始采集数据。

图 10-57　设置相机通信数据地址

通过 PLC 与相机之间的通信，借助上述变量实现拍照触发与状态反馈。相机被触发拍照后，在相机软件中可以看到拍照结果分析，该组数据也被 PLC 接收到，如图 10-58 所示，PLC 根据收到的数据判断工件类型、颜色、位置，对数据做初步处理与计算，然后传递给机器人，机器人做出下一步运动决策，正确安排当前抓取位工件，实现基于视觉系统的机器人自动化装配作业。

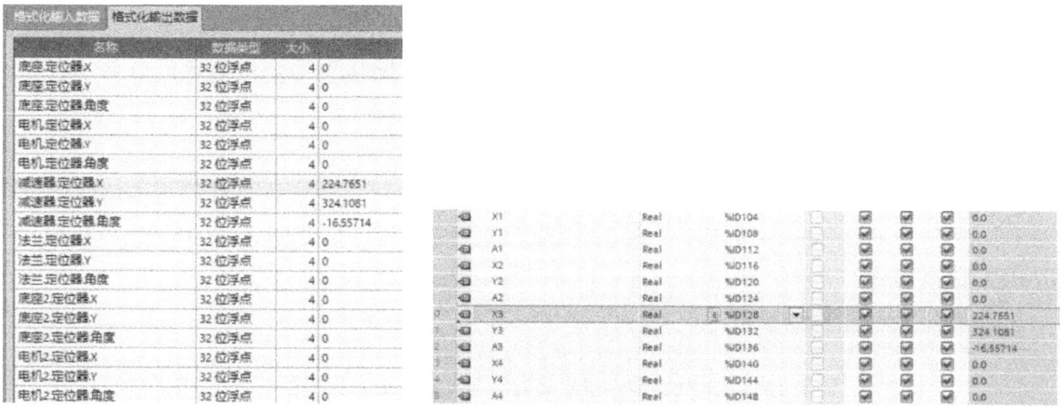

图 10-58　PLC 接收相机数据

🐾 项目练习与考评

工业机器人智能装配练习

（1）训练目的

巩固和深化对已学知识的理解与掌握程度，达到融会贯通、熟能生巧的效果，为后续检修排故内容的学习打下基础。

（2）训练器材

工业机器人工作站　　1 套

（3）训练内容

机器人关节装配，关节包含基座、电机、减速机、法兰等部件，均为模具，需要将电机首先放入基座，然后放入减速机，最后放入法兰并锁死封装，关节成品完成。本练习为综合训练项目，全面考查操作者对工业机器人工作站的整体掌握情况，涉及面较广，要求较高，涵盖工作站各组成模块的功能以及模块间的配合，并且要求最终能够对工作站整体进行系统性联调。为提高本项目的可完成性，降低难度，将本项目基础环境设置如下：

① 机器人与 PLC 之间的所有通信参数已定义，如"stack""RFID""rotate""turn"等程序数据；

② PLC 程序已完成一部分，操作者只需完成 PLC 与相机之间的视觉通信及数据处理的局部填空式编程。

本项目操作内容包含：

① 机器人工具快换操作，根据不同操作任务取用合适工具，使用完毕放归原位；

② 取基座，使用弧口工具从立体仓库中抓取空的基座；

③ RFID 读取基座信息，将基座移动至 RFID 读写器上方，读取芯片数据并显示在触摸屏上；

④ 放基座，将基座移动至变位机上的夹爪紧固位并使夹爪夹紧基座；

⑤ 旋转供料取电机，启动旋转供料模块，将电机送至抓取位，机器人换直口工具后抓取电机并装入基座内；

⑥ 井式供料推送工件，启动井式供料模块，推出工件；

⑦ 传送带输送工件，工件被输送到抓取位后停止传送带；

⑧ 视觉识别，触发相机拍照，识别工件类型、颜色、偏移角等并将结果信息显示在触摸屏上；

⑨ 减速机、法兰装配，依据识别结果，有序装配；

⑩ RFID 读取成品信息，成品入库，将装配完成的机器人关节成品移动至 RFID 读写器上方，采集信息并显示于触摸屏上，最后将机器人关节成品送回立体仓库的最初位置上。

（4）训练考评

工业机器人智能装配练习考核配分及评分标准如表 10-2 所示。

表 10-2　工业机器人智能装配练习考核配分及评分标准

项目环节	技术要求	配分	评分标准	得分
机器人工具快换操作	编程思路清晰，语句简练，示教精准	10 分	1. 又快又好得 10 分； 2. 操作有瑕疵酌情扣分	
取基座	编程思路清晰，语句简练，示教精准，利用 stack 变量保证机器人可取到任意工位上的基座	5 分	1. 又快又好得 5 分； 2. 操作有瑕疵酌情扣分	
RFID 读取基座信息	触摸屏正确显示基座信息	5 分	1. 又快又好得 5 分； 2. 触摸屏不能显示基座信息得 0 分	
放基座	示教精准，安全高效地将基座紧固于变位机上	5 分	1. 快速准确完成得 5 分； 2. 操作有瑕疵酌情扣分	
旋转供料取电机	编程思路清晰，语句简练，示教精准，利用 rotate 变量保证机器人可取到任意工位上的电机模具	15 分	1. 又快又好得 15 分； 2. 操作有瑕疵酌情扣分	

项目环节	技术要求	配分	评分标准	得分
井式供料推送工件	编程思路清晰，语句简练	5分	1. 又快又好得5分； 2. 操作有瑕疵酌情扣分	
传送带输送工件	编程思路清晰，语句简练	5分	1. 又快又好得5分； 2. 操作有瑕疵酌情扣分	
视觉识别	编程思路清晰，语句简练，触摸屏设计简洁合理，信息显示准确	30分	1. 又快又好得30分； 2. 操作有瑕疵酌情扣分	
减速机、法兰装配	思路清晰，逻辑严谨，语句简洁，有序装配	15分	1. 又快又好得15分； 2. 操作有瑕疵酌情扣分	
RFID读取成品信息，成品入库	安全高效，轨迹合理，触摸屏显示信息准确	5分	1. 又快又好得5分； 2. 操作有瑕疵酌情扣分	

🖉 思考与讨论

1. 触摸屏上按钮如何配置？
2. 相机软件中工件颜色学习步骤是怎样的？
3. 进行通信的设备间的 IP 地址有什么要求？
4. 布尔型变量是什么含义？

模块三　工业机器人工作站常见故障分析

项目十一　**工业机器人常见故障分析**

相关知识

一、工业机器人故障分析应具备的基本素质

工业机器人是高度集成高度智能化的精密设备，出现故障的概率并不高，而且通过系统化学习我们是可以对机器人运行原理、性能细节等形成清晰全面的认知，因此在使用机器人的过程中，一旦遇到机器人故障，应做到沉着冷静，处变不惊。

一切结果都是有原因的，故障也是一样，总有导致故障的原因存在而等着被发现，面对故障我们需要做的就是根据故障现象，结合已学知识，分析故障原因，再使用检修工具有序排除可能原因，最终聚焦故障点，排除故障，恢复机器人正常功能。

扎实的知识是基本功，过硬的心理素质更是优秀运维员的必备素养，面对故障，不慌不乱，迅速冷静，沉着分析，故障总会找到的，知识+经验=优秀运维员，在学生时代我们可以通过参加职业技能大赛、参与职业等级证书考核等多种形式去获取宝贵经验，随着经验的增加，知识也会越来越充盈，应用也会越来越灵活，面对故障更容易做到处变不惊，沉着冷静。如果缺乏参赛渠道，也可以私下加强练习与心理暗示，强化知识技能，同时锻炼心态，强迫自己冷静应对难题，久而久之自己的心理素质会得到提升。在赛场上沉着冷静的心理素质是制胜法宝，在生活中我们同样不难发现，遇到麻烦或难关时，只有冷静分析才能真正解决问题，慌乱无措是于事无补的，甚至可能会因错失补救时机而使局面愈发糟糕。让我们一起努力做沉着冷静的工业机器人运维员！

二、工业机器人常用检修工具

（1）红外测温仪

工业机器人运行过程中会产生热量，停机检修时若直接触碰设备，尤其是控制柜，很有可能会被烫伤，因此操作者应首先使用红外测温仪检测设备当前温度，如温度过高则不能立刻检修，等温度降下来后再开始检修。工业用红外测温仪外观如图 11-1 所示，精密测温，一键测温，方便耐用。

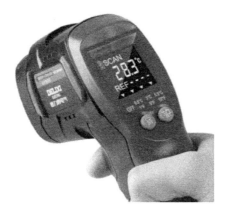

图 11-1 工业用红外测温仪外观图

（2）试电笔

试电笔简称电笔，是一种电工工具，用于检测导线中是否带电。工业机器人检修时在电源断开后不能立刻触碰设备进行检修，因为在刚刚断电的情况下控制柜中仍有可能带电，因此操作者需要首先使用试电笔检验控制柜是否放电完毕以确保操作安全。试电笔外观如图 11-2 所示，当靠近带电体时，试电笔立即产生声光报警，信号灯频繁闪烁，同时发出蜂鸣声。

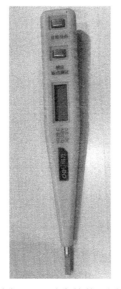

试电笔的使用

图 11-2 试电笔外观图

（3）人体静电释放器

人体静电在日常生活中十分普遍，尤其在天干物燥的秋冬季节静电更是常见，由于人体自身的动作或与其他物体的接触、分离、摩擦或感应等因素，可以产生几千伏甚至上万伏的静电。人体静电通常不会对人体本身产生明显不适，但却是电子工业中的严重危害因子，常常造成电子电器产品运行不稳定，甚至损坏。

ESD（Electro-Static discharge）意为静电释放，国际上习惯将用于静电防护的器材统称为ESD，在工业现场检修时应留意 ESD 防静电放电标志，工业机器人控制柜中包含大量电路板，在进行电路板拆装检修时尤其应注意静电防护。常用的防护器材有人体静电释放器，如图 11-3

所示，将其地线接地后，检修作业前操作者应将手可靠接触释放器上方触摸球，当检测到人体带电达到报警电压时，蜂鸣器将报警且指示灯呈红色并闪烁，此时正在放电中，请勿离开；当指示灯呈绿色闪烁且蜂鸣器停止报警时，手可以离开触摸球，静电释放完毕。在 ABB 控制柜中配有防静电手环，带上手环进行检修作业会更有安全保障。

（4）数字万用表

数字万用表可用于测量直流电压、交流电压、直流电流、交流电流、电阻、电容、频率、电池、二极管等。整体电路设计以大规模集成电路双积分 A/D 转换器为核心，并配以全过程过载保护电路，使数字万用表成为一台性能优越的工具仪表，是电工必备工具之一。数字万用表外观如图 11-4 所示。

图 11-3 人体静电释放器

图 11-4 数字万用表外观图

（5）螺丝刀

螺丝刀是一种用来拧转螺丝以使其就位的常用工具，通常有一个薄楔形头，可插入螺丝钉头的槽缝或凹口内。在工业机器人检修作业中常用的螺丝刀如图 11-5 所示，图 11-5（a）所示为一字型螺丝刀，常用规格有 4mm、8mm、12mm；图 11-5（b）所示为星型螺丝刀，常用规格有 Tx10、Tx25；图 11-5（c）所示为适用于电子设备的小型螺丝刀套装，常用规格有一字型 1.6mm、2.0mm、2.5mm、3.0mm 和十字型 ph0、ph1。

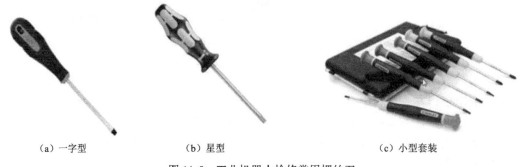

（a）一字型　　　　　　（b）星型　　　　　　（c）小型套装

图 11-5 工业机器人检修常用螺丝刀

除此之外本书模块一讲到的安装工具在检修时也时常用到，因为有些检修作业需要先拆后装，与安装操作类似。

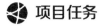 项目任务

任务一 工业机器人本体常见故障诊断与处理

（1）振动噪声异响

工业机器人本体工作时会产生或大或小的噪声，如果听到的噪声刺耳或者无规律性，大多数情况下是发生了机械故障。

出现噪声类故障时，维修人员通常需要去现场进行实际诊断，对异响部位进行检查后才能确定后续解决办法。发生振动及异响的部件通常是机器人关节部位，涉及驱动电机、减速机及油腔润滑油等部件对象。如果伴随异响杂音另外还存在轴转动时的卡顿以及铸件间的摩擦现象，可能就是运动轴油腔内润滑油高温氧化或金属磨粒等杂质积聚过多而导致润滑油失效等原因造成的；如果机器人运动时伴随振动、异响现象，可能是驱动电机或减速机故障；如果机器人停止时晃动，可能是驱动电机故障。

排查时首先手动操纵工业机器人，使机器人每个轴单独动作来确认产生振动或噪声异响的关节轴；接着检查该轴油腔内润滑油状态是否达标，可抽取部分润滑油进行检验，查看其颜色、温度、黏度、裹挟杂质程度等，如不达标应按照操作手册要求进行油腔润滑油更换；如果怀疑是减速机或电机故障，可以逐个进行更换，例如先更换减速机，观察故障是否消除，如没有消除，则应是电机故障，进一步更换电机，更换完成后恢复工业机器人功能，完成故障排查。

（2）电机温度报警

电机温度报警是较为常见的一种工业机器人本体故障，如果发生电机温度报警或显示报错信息，应立即检测其应用有无异常，包括过载、碰撞等，立刻保存诊断文件和故障日志，排查无问题之后再恢复机器人运行。

造成温度报警类故障的可能原因：

① 载荷（包括末端负载和手臂负载）定义有误，可能存在过载；

② 发生频繁碰撞，并且未及时确认碰撞原因并断电，导致机器人长时间带电卡在碰撞位，积聚热量而使电机升温，严重时可能烧毁电机；

③ 程序问题，可能存在过多的紧急加、减速；

④ 环境温度过高导致电机温度报警；

⑤ 电动机制动器发生故障，致使电动机始终在制动状态下动作，从而导致电机承受的负载过大；

⑥ 驱动系统发生故障而导致电机承受过大负载；

⑦ 温控线故障导致的错误报警。

在以上可能的原因中进行一一排查，针对情况①，需要打开示教器查看工具数据TOOLDATA、有效载荷数据 LOADDATA、手臂载荷 Arm Load 中"mass"参数以及重心等参数的设置是否与实际情况吻合，手臂载荷 Arm Load 通常是在某些需要于机器人 3 轴或 4 轴等手臂上加装设备的特殊应用中需要另外定义和配置的，如有偏差应进行修改，如无偏差则

应查看"GripLoad"定义载荷语句有无错误，如有错误应进行修正，如无错误则继续排查下一个可能原因；

针对情况②，出现碰撞而导致温度报警时，首先应停止程序，排查异常碰撞发生的原因，可反向运行程序或手动模式下将机械臂移出，排除故障后再投入使用，同时可以考虑增加碰撞监控功能，一旦触发了碰撞监控，机器人会先于温度报警而提前停止，然后通过反向移动来消除余力，相关运动程序也会停止，并随之出现一条错误消息，机器人此时仍处于带电状态，待确认了该碰撞错误消息后便能很方便地继续执行相关程序，操作者可以通过调整碰撞监控阈值大小来调节监控的灵敏度，默认阈值为100，可调节范围在10～300之间，阈值越大，监控越灵敏，当然也会频繁报错，在一定程度上干扰了正常程序运行，破坏生产效率，阈值越小，灵敏度越差，对机器人的碰撞保护力度越小，可能会使机器人发生危险，因此阈值应大小适宜，恰当地保护机器人同时又最大程度上避免对正常程序运行的消极影响；

针对情况③，如程序中确实存在过多紧急加、减速指令，应进行程序优化，合理规划运动细节，减少对电机的不利影响；

针对情况④，尤其在夏季多会发生，在无防护状态下机器人正常温度范围是 5～45℃，因此机器人运行所在环境应保持通风良好，保证机器人散热顺畅，温度稳定在正常范围内从而避免电机温度报警；

ABB 工业机器人本体 6 个轴的动力来自 6 个三相交流伺服电机，每个交流电机除了三组绕组导线外，还有其他部件的引出线：一组接 PTC 温控针脚，一组接刹车（Brake）针脚，还有编码器的三组导线，6 个电机的刹车电路并联成一路，6 个 PTC 温度检测电路串联成一路，6 个编码器的电路与 SMB（串行测量电路板）相连，6 个电机动力绕组由控制柜内驱动单元供电。伺服电机内置刹车机构，如图 11-6 所示，电机中左侧黑色薄板代表刹车片，右侧蓝色薄板代表转子，一旦刹车信号有效，则此时刹车回路不通电，刹车片驱动继电器线圈不得电，刹车片会被弹簧外力推出，贴合转子而使其受阻，即机器人处于摩擦制动状态，机器人静止不动，由制动摩擦力来平衡重力，反之机器人启动工作状态时，电机通电，刹车回路也通电，刹车片驱动继电器线圈得电后衔铁拖动刹车片动作而远离转子，电机此时依靠磁场固定，由电磁力来平衡重力。基于以上内容，针对情况⑤，需要在电机制动状态下和启动状态下分别检测刹车回路通断情况，判断刹车回路以及制动刹车片有无故障，如有故障应参考机器人刹车电路图继续逐段排查线路，找出故障点并修复刹车回路而使其功能正常；

电源　　驱动单元　电机

图 11-6　伺服电机驱动与制动系统示意图

基于以上内容，针对情况⑥，以类似的方法排查驱动回路是否存在供能不足的故障；

基于以上内容可知，某个电机温度异常时会导致热敏电阻断开而使 PTC 总阻值过大，继而引发温度报警且停止工作。如图 11-7 所示，上文提到的 PTC 温控针脚即图中"1""2"针脚，正常情况下"1""2"针脚是相连的，一旦断开意为 6 轴中有温升异常的运动轴，随即生成温度报警信息，针对情况⑦，如果出现了温度报警，但排查未发现明显故障原因，例如故障代码提示是碰撞而本体并未碰撞，而且打开电机盖板查看电机温度并不是很高，此时很有可能是温控线本身出现了问题，可以先确认报警信息，并尝试将"1""2"针脚暂时性短接，如果故障就此消除且不再报警，说明就是温控线的问题，应按照电气图纸重新安装温控线路，恢复温控线路正常功能，完成故障排除。

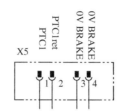

图 11-7 PTC 针脚和 BRAKE 针脚局部电气图

（3）齿轮箱漏油

工业机器人齿轮箱即减速机装置，发生漏油可能的原因有铸件出现龟裂、O 形密封圈破损、油封破损、密封螺栓松动等。其中铸件出现龟裂可能是因为铸件受到碰撞或其他原因使机构承受了过大外力；O 形密封圈破损，可能是因为在拆卸、重新组装时 O 形密封圈被咬入或切断；油封破损可能是因为粉尘等异物的侵入造成油封唇部划伤；密封螺栓安装在油腔的进油口和排油口处，对油腔气密性有着直接影响，如果密封螺栓松动将导致油腔内润滑油外泄。

排查时首先使用干净的擦机布或者其他专用清洁工具对漏油部位进行清洁，根据新渗透情况来确认漏油具体位置，并根据漏油具体位置确认引起漏油的部件，此确认过程可依据图纸判断也可依据经验判断。初步判断出具体漏油位置后可进一步核实确认，例如使用内六角扳手尝试紧固密封螺栓以确认其是否松脱，例如借助测试仪来查看铸件是否出现龟裂，如有裂纹应使用设备进行修复或直接更换铸件，或者拆开齿轮箱查看 O 形密封圈、油封等部件状态，如有问题可直接更换，恢复工业机器人正常功能，完成故障诊断与处理。

任务二　工业机器人控制柜常见故障诊断与处理

工业机器人控制柜是工业机器人的控制中枢。ABB 工业机器人的常用控制柜有两种，即标准型控制柜和紧凑型控制柜。一般地，ABB 中大型机器人（10kg 以上）使用标准型控制柜，小型机器人（10kg 及以下）可以使用紧凑型控制柜，但这并不是绝对的，要根据实际配置情况而定。标准型控制柜的防护等级为 IP54，属于较高等级水平，而紧凑型控制柜的防护等级为 IP30，因此有时候也会依据使用现场环境防护等级要求来选择标准型或紧凑型控制柜。两种类型控制柜的大部分构成模块都是通用的，因此在故障诊断方面也是类似的。

图 11-8 所示为 ABB 紧凑型控制柜的正面视图，图中可以看到面板上的各按钮和插头，以及内部模块的外置接口，如安全面板接口、I/O 板接口、主计算机接口等。

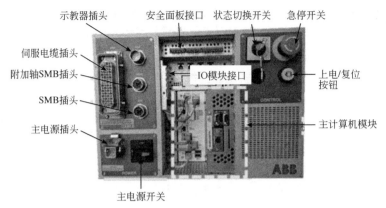

示教器插头　　安全面板接口　状态切换开关　急停开关

伺服电缆插头

附加轴SMB插头

IO模块接口

SMB插头

上电/复位按钮

主电源插头

主计算机模块

主电源开关

图 11-8　ABB 紧凑型控制柜正面视图

图 11-9 所示为紧凑型控制柜其他视图，不同视角之间彼此呼应印证，最终形成对柜内各模块相对位置和整体布局的清晰认识。很显然图 11-9（a）中下边框处即为图 11-8 正面视图面，上边框处即为图 11-9（d）的后视图面。将图 11-9（a）中左侧柜板拿掉后看到的即为图 11-9（b）的左视图情景，在图 11-9（b）中可以看到图 11-9（a）视角下被遮挡的滤波器和静电手环，滤波器接在控制柜主电路的电源入口位置，将输入的 380V 交流电中谐波等杂质滤除，净化输入电能；将图 11-9（a）中右侧柜板拿掉后看到的即为图 11-9（c）所示的右视图情景，

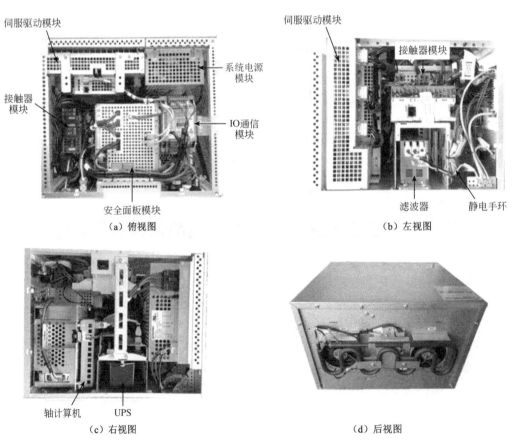

伺服驱动模块

伺服驱动模块

接触器模块

系统电源模块

接触器模块

IO通信模块

安全面板模块

滤波器　　　静电手环

（a）俯视图

（b）左视图

轴计算机　　UPS

（c）右视图

（d）后视图

图 11-9　紧凑型控制柜其他视图

在右视图中可以看到在图 11-9（a）视角下被 I/O 模块及电缆遮挡的 UPS 与轴计算机，其中 UPS 为不间断电源，主要作用是在控制柜断电后继续为主计算机的关机操作提供电能；将控制柜背面挡板拿掉后看到的即为图 11-9（d）所示的后视图情景，主要是外置的制动电阻与散热风扇。

主计算机模块相当于机器人的大脑，是机器人系统的运算控制单元，通过与控制柜其他模块的通信以及对通信数据的运算处理，实现对机器人运动轨迹和空间姿态的控制。如图 11-10 所示为主计算机外观图，左侧接口中"X1"接口为主计算机电源输入口，为主计算机提供 24V 直流电，"X4""X5"接口为"LAN"局域网接口，用于将控制柜接入工作站网络，例如接入工业交换机，或者不通过交换机而直接与视觉或焊接设备等进行连接，"X6"接口为"WAN"广域网接口，通常用于将工业机器人连接至工厂网络，下方还有两个 USB 接口，用于数据传输。另外根据实际需要可以在主计算机右侧加配通讯扩展板卡，该板卡上提供标准的 RS232 串口以及仅支持从站功能的标准工业通讯总线接口，如 Profibus、Profinet、EtherNet IP 等。

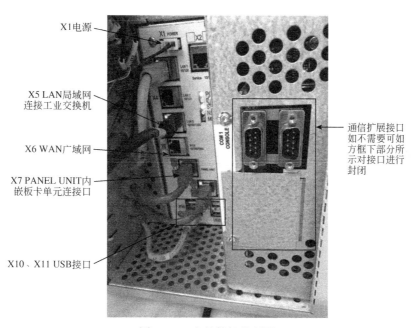

图 11-10　主计算机外观图

图 11-11 所示轴计算机用于接收来自主计算机的运动指令以及来自 SMB（串行测量电路板）的机器人位置反馈信号，经分析处理后将处理结果以控制指令形式发送给伺服驱动器去驱动机器人运动，因此轴计算机在机器人运动控制中处于承上启下的关键位置，与主计算机和伺服驱动器间均存在硬件连接，按照控制柜电气图接线即可，识图方法与前文所述一致，注意接线端口号、针脚号、线尾箭头指向、线号及不同模块间连接指向，例如图 11-12 左下角所示表示此 4 根电缆汇集后接入控制柜中 A31 模块的 X2 端口，"A31"是为便于描述而给各构成模块分配的编号。标准型控制柜布局图如图 11-13 所示，模块间照图接线，一一对应即可。

图 11-11　轴计算机实物图

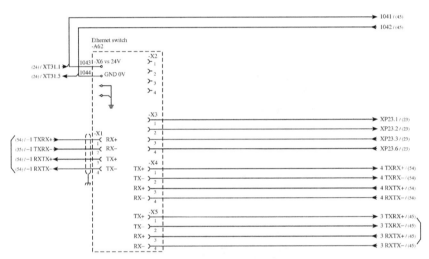

图 11-12　控制柜电气图示例

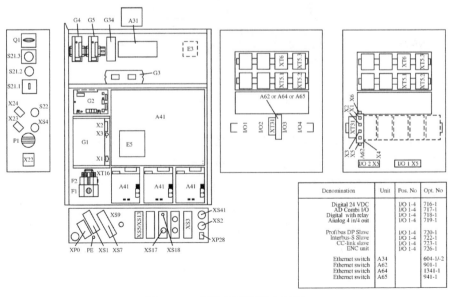

图 11-13　标准型控制柜布局图

伺服驱动器接收来自轴计算机的控制指令，并将其转换为伺服电机的转角及转速（正转/反转）信号，分别驱动和控制机器人一至六轴的伺服电机按照轴计算机指令旋转。伺服驱动器本体的工作电压为220V，由隔离变压器将主电源380V电压变压为220V后输入伺服驱动器为其供电，伺服驱动器内部控制单元的工作电压为24V，由开关电源为其供电。图11-14所示为某示例伺服驱动器的外观图，其中"L1""L2""L3"端子为220V主电路电源输入端子，"L1C""L2C"端子为24V控制电源输入端子，"U""V""W"端子为被控伺服电机的三相绕组连接端子，"B1""B2""B3"端子为制动电阻连接端子，"CN1"为通信串口，"CN2"为编码器接口，"CN4A""CN4B"端子为以太网接口。不同品牌不同型号的伺服驱动器接口大同小异，接线前应认真查阅产品说明书及控制柜电气图，照图接线。机器人一至六轴需要6个一模一样的伺服驱动器，并排码放在控制柜内并封装，将检修保养常用端子引出封装层以便于检修作业，封装后构成伺服驱动模块，外观如图11-15所示。

图11-14 某示例伺服驱动器外观图

图11-15 控制柜内封装后的伺服驱动模块外观图

安全面板是机器人控制系统安全逻辑管理部件，对整个系统的安全功能和相关逻辑进行集中管控，确保整个系统安全可靠、逻辑正常，工作电压为24V，由开关电源为其供电，如图11-16（a）所示为安全面板裸视外观图，图11-16（b）所示为其在控制柜内被封装后的外观图。4排绿色接线端子用于接入安全保护机制的控制信号，出厂时通常将这4排接线端子直接短接，在图中可以看到端子排上方的灰色短接插排，说明安全保护机制尚未启用，出厂默认状态下图11-16（b）右上角的指示灯是全部亮起的。根据实际需要，可以设置多种安全保护机制，将其控制信号接入端子排，则该安全保护机制相应的指示灯就可以直接指示该保护机制是否处于被触发状态。

开关电源为控制柜元器件提供24V直流控制电压，由隔离变压器将主电源380V电压变压为220V后作为输入电源接入开关电源，然后开关电源将220V交流电转换为24V直流电输出，供控制柜内其他模块使用。开关电源接线端子释义如图11-17所示。

（a）安全面板裸视外观图

（b）安全面板封装后外观图

图 11-16　安全面板

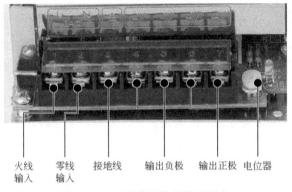

火线　　零线　　接地线　　输出负极　　输出正极　电位器
输入　　输入

图 11-17　开关电源接线端子释义

接触器模块用于控制机器人各轴电机的上电与下电。每次按下使能键时都能听到的"啪啪"声响，即为此接触器线圈得电后触点吸合的声音，使能键相当于控制开关。图 11-18 所示为接触器外观图。

IO 通信模块用于机器人与外部设备的通信，本工作站 I/O 通信板采用的是 ABB 标准 DSQC652 板，前文模块一关于 DSQC652 板已有详尽介绍，这里不再赘述。

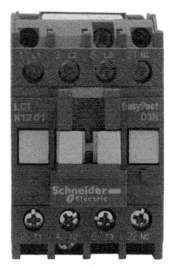

图 11-18　接触器外观图

工业机器人是高度集成化与智能化的精密设备，内置多层自检测机制与保护机制，本体与控制柜所选用的各功能模块相关技术发展均已高度成熟，因此各功能模块运行性能均稳定可靠，模块上均设置有 LED 指示灯，指示灯即内置自检测机制与保护机制的成果外化，可以直观反映该模块目前性能状态，这样大大减少了维修人员的工作量与工作难度，维修人员通过识读 LED 指示灯状态信息就可以很迅速地对出现故障的模块形成初步判断。为提高生产效率，现阶段维修工业机器人控制柜所采用的基本都是直接更换模块的形式，更换的依据就是各模块指示灯的状态，因此对控制柜内各模块进行故障诊断的主要方式就是对模块上的 LED 指示灯进行状态识别，掌握了模块的当前状态后就可以有的放矢地进行故障排除了。

1）主计算机常见故障诊断与处理

主计算机状态指示灯位于主计算机中心处，如图 11-19 所示，总共包含 3 盏灯，分别为"POWER""DISC-Act""STATUS"，表 11-1 中列出了此 3 盏灯的所有状态以及所对应的含义。其中"DISC-Act"只有一种"闪烁"状态，意为主计算机正在读写 SD 卡，"POWER"灯的两种闪烁形式分别代表启动时遇到故障和运行时遇到电源故障，信息一目了然，根据指示灯状态有针对性地进一步排查电源回路、FPGA 以及 COM 快速模块即可。

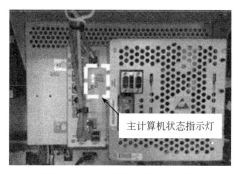

图 11-19　主计算机状态指示灯

表 11-1 主计算机状态指示灯不同状态的含义

指示灯名称	指示灯状态	含义
POWER	熄灭	正常启动时，计算机单元内的 COM 快速模块未启动
	常亮	正常启动完成了
	1～4 次短闪，1 秒后熄灭	启动期间遇到故障，可能是电源、FPGA 或 COM 快速模块故障
	1～5 次快速闪烁	运行时电源故障。请重启控制柜后检查主计算机电源电压
DISC-Act	闪烁	正在读写 SD 卡
STATUS	启动时，红色常亮	正在加载 bootloader
	启动时，红色闪烁	正在加载镜像数据
	启动时，绿色闪烁	正在加载 RobotWare
	启动时，绿色常亮	系统启动完成
	红色常亮或闪烁	检查 SD 卡
	绿色闪烁	查看示数器上的信息提示

2）轴计算机常见故障诊断与处理

轴计算机状态指示灯只有一盏，如图 11-20 所示，该指示灯所有状态以及所对应的含义均详尽显示在表 11-2 中，遇到异常情况时对照表格正确处理即可。例如指示灯不亮，首先考虑是轴计算机未供电，可以使用万用表确认电源输入情况，若电源输入正常，则考虑是轴计算机内部故障，更换新的轴计算机即可。更换之前可以查看工业机器人随机电子手册光盘中的控制柜电气图，明确轴计算机各端口接线情况，也可以对原轴计算机拍照留存，作为新轴计算机的接线依据。

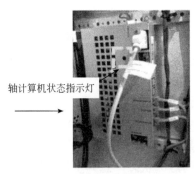

轴计算机状态指示灯 →

图 11-20 轴计算机状态指示灯

表 11-2 轴计算机状态指示灯不同状态的含义

LED 灯状态	含义
红色常亮	启动期间，表示正在上电中； 运行期间，轴计算机无法初始化基本的硬件
红色闪烁	启动期间，建立与主计算机的连接并将程序加载到轴计算机； 运行期间，与主计算机的连接丢失、主计算机启动问题或者； RobotWare 安装问题
绿色闪烁	启动期间，轴计算机程序启动并连接外围单元； 运行期间，与外围单元的连接丢失或者 RobotWare 启动问题
绿色常亮	启动期间，启动过程中； 运行期间，正常运行
不亮	轴计算机没有电或者内部错误（硬件/固件）

3）伺服驱动模块常见故障诊断与处理

伺服驱动模块的指示灯如图 11-21 所示，共两盏："X8 IN"和"X9 OUT"，分别为输入信号状态指示灯和输出信号状态指示灯，指示灯所有状态及含义如表 11-3 所示。故障形式为以太网通道连接断开，即以太网通道是断开的，无法通信的，可以首先查看以太网线插接是否牢固，如插接牢固则考虑是网线本身故障，更换新网线通常即可解决问题。

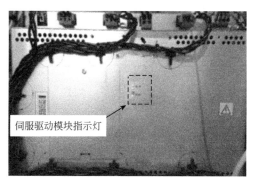

图 11-21　伺服驱动模块指示灯

表 11-3　伺服驱动模块指示灯不同状态的含义

LED 灯名称	LED 灯状态	含义
X8 IN	黄灯闪烁	与上位机在以太网通道上进行通信
	黄灯亮	以太网通道已建立连接
	黄灯熄灭	与上位机以太网通道连接断开
	绿灯熄灭	以太网通道的速率为 10Mbps
	绿灯常亮	以太网通道的速率为 100Mbps
X9 OUT	黄灯闪烁	与额外驱动单元在以太网通道上进行通信
	黄灯亮	以太网通道已建立连接
	黄灯熄灭	与额外驱动单元以太网通道连接断开
	绿灯熄灭	以太网通道的速率为 10Mbps
	绿灯常亮	以太网通道的速率为 100Mbps

4）安全面板常见故障诊断与处理

ABB 控制柜有 4 个独立的安全保护机制，分别为常规模式安全保护停止（GS）、自动模式安全保护停止（AS）、上级安全保护停止（SS）和紧急停止（ES），其中 AS 和 ES 较为常用，AS 被触发后可以使处于自动运行模式的工业机器人立即停止，一般应用于工业机器人工作站安全门、安全光栅的互锁保护机制，例如一旦安全门被打开，则立即触发 AS 机制，自动运行中的工业机器人即可停止运行，从而起到对人身和设备安全的保护作用；ES 则是常见的红色急停按钮被按下后触发的保护机制。所有保护机制的搭建均需要依托安全面板这个硬件基础。

安全面板共有 4 个用户接线端子排。图 11-22 所示为 X1 端子排和 X2 端子排细节图，其中 X1 的 1、2、3、4 端子被用于连接急停控制信号 ES1，X2 的 1、2、3、4 端子用以连接急停控制信号 ES2，出厂时 X1 端子排和 X2 端子排的 3、4、5 端子是用短接插排短接起来的，当连接急停信号时，将 3 号端子的短接片减掉，然后将急停信号 ES1 接入 X1 端子排的 3、4

端子，将急停信号 ES2 接入 X2 端子排的 3、4 端子，构成急停双链路结构，急停信号 ES1 和 ES2 另一端连接急停按钮的常闭触点，因此正常情况下 3、4 端子是导通的，一旦 X1 和 X2 的 3、4 端子同时断开，则 X1 和 X2 的 1、2 端子上连接着的内部常闭触点 NC 就会同时断开，向外传递急停指令，触发急停保护机制，机器人立刻进入急停状态，及时避免对系统造成更严重的破坏；如果 X1 和 X2 中仅有一个端子排的 3、4 端子断开，则系统将判断为信号错误而不会使机器人进入急停状态，双链路结构提高了急停保护的可靠性，其他 3 种安全保护机制也同样是双链路结构，工作原理与急停保护类似，参考安全面板产品说明资料将相应的保护停止信号接入端子排对应位置，类似 ES 机制中 X1 和 X2 的 3、4 端子，而信号另一端连接对应的安全装置常闭触点，例如 AS 机制中安全门常闭触点。当安全保护机制正常的情况下，图 11-16（b）中右上角的一列安全保护机制指示灯全部会亮起来，即没有任何安全保护机制被触发，系统目前运行状态良好。如果某一盏灯没有亮，则需要检测相应安全保护机制是否被激活了，研判触发该安全保护机制的原因在哪里并解决问题，当判断危险或故障已消除后可以将系统复位，继续运行。如果是"Epwr"灯呈绿色闪烁状态，意为串行通信错误，首先检查与主计算机间通信电缆插接是否牢固，其次确认通信电缆本身是否存在故障等，如果是"Epwr"灯呈红色常亮状态，意为通信错误以外的错误，可以尝试更换新的安全面板。表 11-4 为安全保护机制指示灯不同状态的含义。

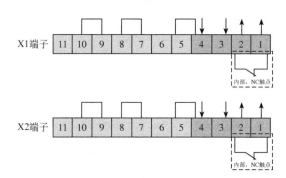

图 11-22　X1 端子排与 X2 端子排细节图

表 11-4　安全保护机制指示灯不同状态的含义

LED 灯名称	LED 灯状态	含义
Epwr	绿色闪烁	串行通信错误，检查与主计算机的通信连接
	绿色常亮	运行正常
	红色闪烁	系统上电自检中
	红色常亮	出现串行通信错误以外的错误
EN1	常亮	信号 ENABLE1=1 且 RS 通信正常
AS1	常亮	自动停止安全链 1 正常
AS2	常亮	自动停止安全链 2 正常
GS1	常亮	常规停止安全链 1 正常
GS2	常亮	常规停止安全链 2 正常
SS1	常亮	上级停止安全链 1 正常
SS2	常亮	上级停止安全链 2 正常
ES1	常亮	紧急停止安全链 1 正常
ES2	常亮	紧急停止安全链 2 正常

5）开关电源常见故障诊断与处理

开关电源 LED 指示灯只有一盏，如图 11-23 所示，指示灯所有状态及含义如表 11-5 所示，状态简单易判断，如果灯不亮，可能未通电或者输出有故障，使用万用表进一步排查确认。

开关电源LED指示灯

图 11-23　开关电源 LED 指示灯

表 11-5　开关电源 LED 指示灯不同状态的含义

LED 灯状态	含义
绿色常亮	正常
熄灭	直流电源输出异常或输入异常

6）接触器模块常见故障诊断与处理

接触器模块状态指示灯如图 11-24 所示，指示灯所有状态及含义如表 11-6 所示。如果是通信出错，一般首先查看通信线插接情况，或者进一步更换通信线；如果红灯常亮，说明该模块不可使用，可能是线圈、触点接线错误，或者回路存在断点，或者是电源错误，或者是接触器本身硬件故障等，使用万用表围绕该模块展开细致排查。

接触器模块状态指示灯

图 11-24　接触器模块状态指示灯

表 11-6　接触器模块状态指示灯不同状态的含义

指示灯状态	含义
绿色闪烁	串行通信出错
绿色常亮	正常
红色闪烁	正在上电/自检模式中
红色常亮	出现错误

7）IO 通信模块常见故障诊断与处理

如图 11-25 所示，IO 通信模块的状态指示灯位于 IO 板的左下角，共有"MS"和"NS"两盏灯，指示灯所有状态及含义如表 11-7 所示。如果"MS"灯熄灭，就是 IO 板输入电源回路故障，使用万用表排查断点并将输入电源恢复为正常状态即可解决问题；对于不可恢复的故障，可直接更换模块；对于需查看示教器信息的故障，按照前文所述方法点击示教器上的状态栏，打开事件日志进行查阅，如图 11-26 所示，通常提示信息分为三种类型：红色图标意为系统出现严重错误，操作已停止；黄色图标意为系统发生了某些无需纠正的错误，操作仍可继续，属于警告性信息；蓝色图标意为不需要用户进行任何操作，仅为提示信息，像流水账一样详细记录系统发生的事件并留存在事件日志中。"NS"灯指示该模块的通讯状态，如果有异常情况通常需要排查与之有通信关系的周边模块，或者检查电源回路，或者按照示教器提示信息进行处理。

图 11-25 IO 通信模块状态指示灯

表 11-7 IO 通信模块状态指示灯不同状态的含义

指示灯状态	含义
熄灭	无电源输入
绿色常亮	正常
绿色闪烁	请求根据示教器相关的报警信息提示，检查系统参数是否有问题
红色闪烁	可恢复的轻微故障，根据示教器的提示信息进行处理
红色常亮	出现不可恢复的故障
红/绿闪烁	自检中
熄灭	无电源输入或未能完成 Dup_MAC_ID 的测试
绿色常亮	正常
绿色闪烁	模块上线了，但是未能建立与其它模块的连接
红色闪烁	连接超时，请根据示教器的提示信息进行处理
红色常亮	通信出错，可能原因是 Duplicate MAC_ID 或 Bus_off

	10020	执行错误状态	2017-06-20 17:49:01
	50050	位置超出范围	2017-06-20 17:49:01
	10151	程序已启动	2017-06-20 17:49:00
	10053	返回就绪	2017-06-20 17:49:00
	10052	返回启动	2017-06-20 17:49:00
	10122	程序已停止	2017-06-20 17:46:31
	50024	转角路径故障	2017-06-20 17:46:31
	10151	程序已启动	2017-06-20 17:46:05
	10053	返回就绪	2017-06-20 17:46:05
	10052	返回启动	2017-06-20 17:46:05

图 11-26 事件日志

工业机器人本身拥有完善的监控与保护机制，当机器人自身模块发生故障时，就会输出对应的故障代码，例如图 11-26 中所示的"10020""50050""50024"等，ABB 工业机器人故障代码编号是有规则的，如常见的"1xxxx"型为操作类流程信息，"2xxxx"型为与系统功能、系统状态相关的信息，"4xxxx"型为与 RAPID 指令、数据等有关的信息，"5xxxx"型为与控制机器人移动和定位有关的信息，"7xxxx"型为与 I/O 信号及数据总线等有关的信息，代码后面有其简单含义说明，方便设备管理人员对故障进行快速诊断和维修，如果还是不能明确该故障意义且不清楚如何处理，可进一步查看工业机器人随机电子手册光盘，查找到该故障代码的详细释义。

8）控制柜软故障处理

除了上述主要硬件模块的故障外，ABB 控制柜还有一类典型的故障——控制柜软故障。在机器人正常运行过程中，由于对机器人系统 Robotware 进行了误操作，例如意外删除系统模块、IO 设定错乱等，从而引起的报警与停机，被称之为控制柜软故障。软故障通常是新手操作者由于对系统不熟悉或者无意识的误动作而人为造成的。最常见的软故障是系统故障，在系统故障状态下整个系统无法进行任何操作。出现软故障时，首先点击事件任务栏查看详细说明，并进行分析研判。图 11-27 所示为一个示例故障，该故障代码为"20289"，含义是存在未知系统输入，应采取的措施动作为检验系统输入名称是否正确。按照此提示接下来打开系统输入的设置画面进行查看，点击"System Input"，该系统内仅配置一个系统输入信号"diStart"，双击"diStart"，发现其"Action"一项内容空白，"Action"用以设定输入信号与系统关联的状态，不能为空，于是故障症结找到了，接下来对该参数进行完善即可，设置完成后重启生效，报警就会消失，系统恢复正常，此故障处理步骤如图 11-28 所示。

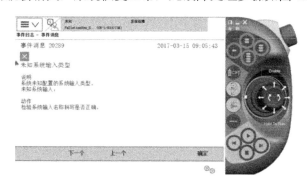

图 11-27　示例故障说明

（a）

（b）

图 11-28

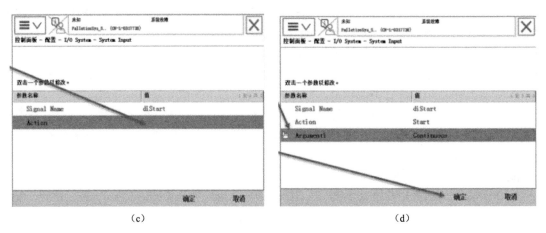

（c） （d）

图 11-28 软故障"20289"处理步骤

在操作机器人时偶尔会出现莫名其妙的异常或错乱，没有明确的报警信息而只是不顺、奇怪，此时就像处理同状态的手机或计算机一样，操作者可以选择重启而使系统进行自我修复。点击示教器左上角"菜单"，选择"重新启动"，在打开的页面中如果直接点击"重启"则是普通重启，不会清除数据，只是将系统重启一遍，一般应用于加装了新的硬件或更改了机器人系统配置参数后，重启系统以使软硬件更改生效；如果点击"高级"则会有更多选择，其中"重启"就是普通重启；"重置系统"即将系统恢复到出厂设置，所有修改的数据、程序等全部清除；"重置 RAPID"会清除所有的 RAPID 程序代码及数据，使 RAPID 恢复至原始的编程环境，当 RAPID 系统模块被不小心删掉后利用"重置 RAPID"来进行修复是个方便的解决办法；"启动引导应用程序"不会清除任何数据，而是进入系统 IP 设置及系统管理界面，可以进行重装系统等操作；"恢复到上次自动保存的状态"可能会清除数据，机器人每次正常关机时均会自动生成一个当前配置的镜像文件，当下次开机时如有系统问题，则可尝试恢复到上次自动保存的状态，可用于快速排除一般的系统故障，该重启模式即调用上次正常关机时保存的数据；"关闭主计算机"不会清除任何数据，先关闭主计算机，然后再关闭主电源是较为安全的关机方式。如图 11-29 所示为重启操作关键步骤。

（a） （b）

（c）

图 11-29 重启操作关键步骤

工业机器人本身的可靠性是非常高的，大部分故障可能都是人为操作不当引起的，大量故障数据也表明，大部分故障起因都是表层的不涉及内部硬件的，因此当工业机器人发生故障时，先不要着急将机器人拆装检查，而应该对机器人周边的部件、接头进行检查，例如首先查看相关的紧固螺丝是否松动，所有电缆的插头是否插好，电缆表面是否有破损，硬件电路模块是否清洁或潮湿等外界因素，如果最终故障没有消除，仍然存在，接下来才考虑拆箱检测内部硬件，即一般情况下机器人故障排查流程为从外到里、从软到硬，先简单后复杂、先外后内。图 11-30 所示为故障"38103"的报警信息界面，故障说明为与 SMB 通信中断，即轴计算机与 SMB（串行测量电路板）之间的通信中断。依据信息内容可以看出造成该故障的可能原因较多，最简单的原因是 SMB 电缆可能未插接到位，复杂的原因是 SMB 板或轴计算机硬件可能出现故障。在某次"38103"故障案例中，最终排查结果就只是 SMB 电缆松脱，有可能是在移动控制柜并进行二次拆装过程中未将 SMB 电缆安装到位便急于上电造成的，断电后重新紧固控制柜端 SMB 电缆插头后再次上电，发现报警消除，系统正常，故障在较短时间内就被高效率排除。如果情况较为复杂，确实怀疑是硬件故障，而且可能的故障硬件不唯一时，比如本例中可能是 SMB 板故障也可能是轴计算机故障，则应采用一次只换一个硬件的方式来明确到底是那个硬件出现了故障，同时在更换硬件过程中一定要做好严格的流程控制并认真做记录，记录应包含日期、时间、涉及部件名称型号、所进行的具体操作以及操作后的结果等，为后续解决方案的制定提供支撑与佐证。

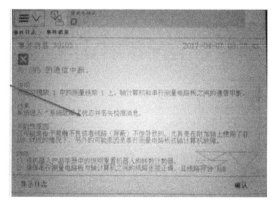

图 11-30 "38103"示例故障

任务三 工业机器人紧急停止及复位

工业机器人运行过程中如遇突发意外，来不及实施其他应对措施的时候，可以按下急停按钮迅速使机器人停止，避免造成更严重的损失。当意外被处理后，应当将急停复位，使机器人继续运行。工业机器人通常包含多处急停按钮，控制柜上的急停按钮如图 11-31（a）所示，示教器上的急停按钮如图 11-31（b）所示，按下这些急停按钮所产生的控制效果是相同的。

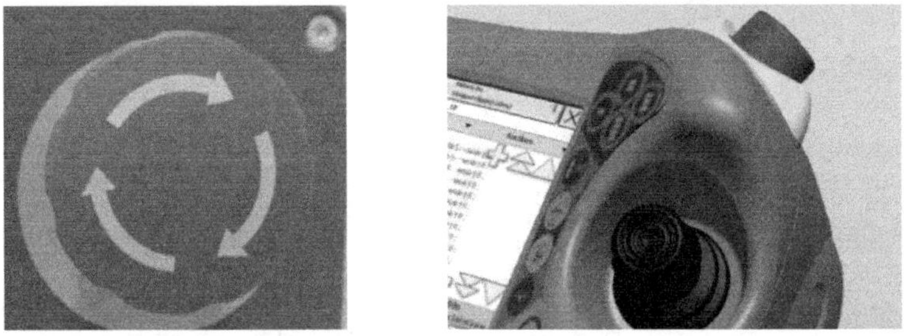

（a）控制柜上的急停按钮　　（b）示教器上的急停按钮

图 11-31 急停按钮

在进行急停复位时，首先应将急停按钮复位，按照箭头方向转动即可使被按压下去的按钮弹出至初始位置而实现该按钮复位，急停按钮复位后不能直接按下使能键来试图重新启动机器人，否则系统是会报错的，正确的操作是按下控制柜上的“上电”按钮而使电机进入待启动状态，如图 11-32 所示，此时才真正完成急停复位；如果工业机器人目前处于自动运行模式，则此时电机已直接上电继续投入运行，如果工业机器人目前处于手动运行模式，则接下来还要按下使能键来开启电机而使机器人再次进入正常运行状态。

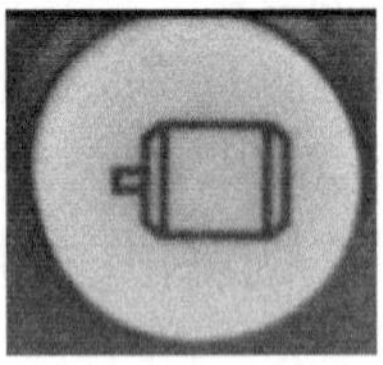

图 11-32 “上电”按钮

项目练习与考评

工业机器人紧急停止及复位训练

（1）训练目的

通过练习，熟练掌握机器人急停操作以及急停复位的操作步骤，达到熟能生巧的效果，培养居安思危的意识习惯以及临危不乱、沉着冷静的心理素质，为后续学习打下基础。

（2）训练器材

工业机器人　　1 套

（3）训练内容

① 查找本工作站内所有急停按钮并记录其特征与位置；

② 进行紧急停止操作；

③ 进行急停复位操作；

④ 对本工作站内其他急停按钮实施急停与急停复位操作；

⑤ 总结操作规律与心得体会。

（4）训练考评

工业机器人紧急停止及复位考核配分及评分标准如表 11-8 所示。

表 11-8　工业机器人紧急停止及复位考核配分及评分标准

项目环节	技术要求	配分	评分标准	得分
查找本工作站内所有急停按钮并记录其特征与位置	快速准确找出急停按钮，详细描述其位置与按钮特征	10分	1. 又快又好得 10 分； 2. 操作有瑕疵酌情扣分	
进行紧急停止操作	熟悉操作方式，快速完成操作	10分	1. 又快又好得 10 分； 2. 操作有瑕疵酌情扣分	
进行急停复位操作	熟悉操作步骤，快速完成操作	30分	1. 又快又好得 30 分； 2. 操作有瑕疵酌情扣分	
对本工作站内其他急停按钮实施急停与急停复位操作	熟悉操作步骤，快速完成操作	40分	1. 又快又好得 40 分； 2. 操作有瑕疵酌情扣分	
总结操作规律与心得体会	言之有物，体会深刻	10分	1. 总结到位、真情实感得 10 分； 2. 其他情况酌情扣分	

✏ 思考与讨论

1. 开关电源的作用是什么？

2. 目前工业机器人硬件维修主要手段是修还是换？

3. 控制柜软故障是什么？

项目十二 工作站外围设备常见故障分析

 **相关知识**

工作站外围设备故障种类

基于前文关于本工作站内所有外围设备的介绍可知：每个模块均有各自相对独立的结构与功能，可以完成简单的局部作业任务，当所有外围设备组合在一起时，就可以配合完成基于视觉识别的智能装配综合作业任务。工作站外围设备较多，涉及的故障形式也多种多样，按照是否与电路相关以及软硬件区别可以将外围设备常见故障分为机械故障、电气故障和软故障三类。

项目任务

任务一 工作站外围设备机械故障分析

机械故障指机械系统已偏离设备状态而丧失部分或全部功能的现象，例如紧固螺钉松脱、接触部件磨损、运动部件卡顿等。比如快换工具模块中用于嵌放各工具的螺钉可以保证工具放置在模块架子上的位置是固定不变的，如果该螺钉松脱了，则会造成工具放置位置偏移甚至工具因插孔与螺钉位置角度不匹配而使放置或取用动作受阻的后果；比如各模块中普遍存在的位置传感器的紧固螺钉如果松脱了，可能会造成信号失真甚至消失的后果，继而引起程序运行错乱；比如井式供料模块中气缸推手在伸缩运动时出现卡顿或阻塞，则考虑是其运动路径上出现了不该存在的阻力，可能是气缸内部滑轨出现了磨损、划痕或因外力造成了折弯变形等，也有可能是因碰撞造成相配合的模块间出现彼此尺寸、交接位置或角度不匹配的问题，继而形成运动阻力；再比如传送带模块、旋转供料模块或变位机模块中运动出现诸如抖动、卡顿、异响、不顺畅等异常，则考虑可能是联轴器或轴承出现了磨损或锈蚀，齿轮啮合异常或相应驱动电机故障等；再比如气泵的上气时间过长，始终无法完成上气，通常是输气管破损，或者气路中存在密封不良问题。

如果是机械部件磨损、锈蚀、变形等问题，如已不可修复，通常采用更换损坏件的方式来解决；如果是螺钉松脱问题，可使用内六角扳手或螺丝刀进行紧固处理；如果是驱动电机等硬件故障，通常直接更换硬件；如果是齿轮啮合异常，可以点动控制来调整啮合关系；如果是气路无法完成上气的故障，可以肉眼检测输气管有无破损，或者借助气密性测试仪来确认整个气路的气密性，对于发现的漏气点，可使用胶带进行暂时性处理，直至更换新元件。

任务二　工作站外围设备电气故障分析

电气故障即电气回路的故障，可能是回路中元件本身的问题，可能是电源问题，也可能是接线问题，总之电路处于异常状态，不能发挥正常功能。例如触发传送带模块的启动信号后，传送带并没有动作，假设已排除机械故障，根据此故障现象可以知道从触发传送带启动信号到传送带真正启动起来这整个控制回路中存在某些错误。从头开始分析，有可能是触发的信号未被正确定义，即没有将启动信号变量与I/O板上的对应端子信号进行正确的绑定；也可能是电气控制板上该回路接线存在接触不良、断点等问题；或者该回路电源存在电压过低或无电源输入等问题；又或者回路中继电器、变频器、三相交流电机等元器件本身存在硬件问题。

例如触发井式供料模块推送工件的信号后，气缸推手无动作，假设已排除机械故障，根据此故障现象可以知道从触发推送工件信号到工件真正被推出这整个控制链路中存在某些错误。从头开始分析，第一个原因分析同上，可能是触发的信号未被正确定义，绑定错误或硬件接线失误，将该变量信号置1后并没有实现将推料气缸的电磁阀线圈回路与24V电源接通，即电磁阀未得电，因此气缸不动作；后面三个原因分析也与上例类似，可能是电气控制板上该回路接线存在接触不良、断点等问题；或者该回路电源存在电压错误或无电源输入等问题，或者回路中电磁阀等元器件有问题；也或者是气路上的问题，比如自气泵经气源处理器、电磁阀至气缸的气路上存在漏气点或存在元器件失效问题，致使气路无法将高压气体送至气缸，因此气缸无法动作。

外围设备中普遍加装的位置传感器如果出现了故障，则相应的输入信号会产生异常，例如立体仓库放置有基座工件，但机器人没有接收到位置信号，无法判断基座工件具体位置，致使机器人无从下手，针对此故障现象，分析可能是立体仓库工位上的位置传感器发生了故障，使用一个基座工件从1号工位开始依次向2号、3号、4号、5号、6号工位进行传递，同时在示教器上监控6位数组变量"statein"的数值，"statein"中6个数值与立体仓库中6个工位一一对应，当第一个数值为1时，表明1号工位上有工件，当第一个数值为0时，则表明1号工位上没有工件，因此工件每变换一次位置，6位数组变量中所包含的"1"也会同时向后移一位。通过监控"statein"数值，很快就可以锁定有故障的位置传感器，锁定后开始对其进行故障排查，造成位置传感器故障的可能原因通常有3种，第一种是电源错误，可以使用数字万用表测量位置传感器的电源端子上是否有电以及电压值是否符合要求，如有异常则重新布线，恢复其正常供电；第二种是传感器本身损坏，如果已验证传感器电源正常，则接下来应放置一个工件在该传感器所在工位上，然后使用数字万用表测试其输出端子能否正常输出，如果在供电正常的前提下位置传感器仍然没有正常输出信号，则可以判定该传感器已损坏，需要更换新的传感器；第三种是接线错误，如果该故障位置传感器供电正常且输出信号也正常，但工业机器人仍无法接收到正确的位置信息，同时机器人又可以正确接收立体仓库中其他位置传感器的位置信息，则说明从传感器，到数据采集器，再到PLC，再到机器人的这个位置输出信号传输路径中所涉及的所有软硬件设备都是没有问题的，而该故障传感器本身也是没有问题的，那么就是该故障传感器的信号输出线与控制单元之间的接线出现了错误，才导致唯独该故障位置传感器的输出信号无法传送至机器人。

面对各式各样的外围设备电气故障，首先应依据故障现象将故障怀疑对象聚焦至较小范围内，比如在上述例子中聚焦至传送带模块、井式供料模块或立体仓库模块，如果对工作站内各模块的工作原理、电气连接关系等内容足够熟悉的话，接下来便可以在已知故障现象的基础上展开对故障可能原因的快速而全面的分析过程，然后对所有的可能原因进行一一排查，最终锁定真正故障点并设法将其排除。

任务三　工作站外围设备软故障分析

前两种故障形式基本都可以归为硬件故障，与之对应的是软故障，所谓软故障就是程序中的故障，外围设备中软故障主要是PLC程序故障。编写PLC程序时需要遵循PLC编程软件的编程规则要求，否则软件会报错，即语法错误，按照编程规则要求修改即可；如果语法没有错误，顺利下载至实物PLC内，启动运行后功能无法准确实现，则是功能性错误，此时需要重新优化程序，再次下载并运行调试。

工业机器人工作站外围设备故障五花八门，有简单也有复杂，在进行某一具体故障的起因分析时，根据故障现象将整个相关链路都梳理一遍，可能的故障原因或许覆盖了机械故障、电气故障以及软故障，有常见的原因也有极端少见的特殊原因，检修人员需要对所有可能的故障原因一一排查，排查的原则是先软件后硬件、先外部后内部、先机械后电气、先简单后复杂、先常见后少见，在上述原则下机器人的安全性得到最大程度保障，避免贸然进行内部硬件拆装等复杂操作后扩大了故障，使工业机器人丧失精度、降低性能；同时上述原则也可以减少排故所需时间，因为发生简单外部机械故障的概率相对高一些。随着检修经验的积累，检修人员往往能凭借经验更加迅速地找到最有可能的那个故障原因，优先排查，从而提高故障排查效率，缩短排故时间。新手检修人员虽然可能会耗费更多一些时间，但严谨的理论分析之下，遵循排故原则，最终依然可以查找出故障所在。

工业机器人工作站内结构合理，性能稳定，安全性高，其故障排查同样规律性很强，排故过程是有意思的，也是很有意义的过程，我们应不断加强自身业务能力，日积月累，精益求精，做一名时刻保卫工业机器人健康的优秀"医生"。

❖ 项目练习与考评

设置PLC程序故障并排除训练

（1）训练目的

通过排故练习，了解PLC程序的常见故障类型以及解决办法，熟悉PLC编程规则与技巧规律，熟能生巧，对 PLC 编程软件逐步由入门到精通。

（2）训练器材

工业机器人工作站　　1 套

（3）训练内容

① 对工作站中完整 PLC 程序进行备份操作；

② 删除部分 PLC 程序，由练习者查找缺失部分并自主填补，下载调试直至功能正常；

③ 将备份程序恢复，修改变量表中某变量的类型，由练习者查找该错误并修正；

④ 将备份程序恢复，删除变量表中部分变量，由练习者排查并修复；

⑤ 将备份程序恢复，练习者自主分组，组间彼此为对方设置程序故障，进行排故比赛；

⑥ 总结操作规律与心得体会。

（4）训练考评

设置 PLC 程序故障并排除考核配分及评分标准如表 12-1 所示。

表 12-1　设置 PLC 程序故障并排除考核配分及评分标准

项目环节	技术要求	配分	评分标准	得分
对工作站中完整 PLC 程序进行备份操作	熟练操作，快速准确完成程序备份	10 分	1. 又快又好得 10 分； 2. 操作有瑕疵酌情扣分	
查找缺失部分并自主填补，下载调试直至功能正常	熟悉程序内容、操作方式、调试步骤，正确完成操作	40 分	1. 又快又好得 40 分； 2. 操作有瑕疵酌情扣分	
将备份程序恢复，修改变量表中某变量的类型，查找该错误并修正	熟悉程序恢复步骤、变量类型、修正方式，正确完成操作	10 分	1. 又快又好得 10 分； 2. 操作有瑕疵酌情扣分	
将备份程序恢复，删除变量表中部分变量，排查并修复	熟悉程序恢复步骤、程序所需变量、修复方式，正确完成操作	20 分	1. 又快又好得 20 分； 2. 操作有瑕疵酌情扣分	
组间彼此为对方设置程序故障，进行排故比赛	故障设置难易恰当、排故思路清晰、有逻辑	10 分	1. 设置故障难易适当且正确快速完成排故得 10 分； 2. 其他情况酌情扣分	
总结操作规律与心得体会	言之有物，体会深刻	10 分	1. 总结到位、真情实感得 10 分； 2. 其他情况酌情扣分	

思考与讨论

1. 气泵无法完成上气的可能故障原因是什么？

2. 机械故障指的是什么？

3. 位置传感器故障的可能原因有哪些？

模块四　工业机器人工作站日常维护保养

项目十三　工业机器人日常维护保养

工业机器人日常维护保养的重要性

千里之堤，毁于蚁穴。即使是工业机器人这样高精度优性能的设备，如果对其疏于日常维护保养，短时间内或许没有问题，但日积月累，量变引起质变，最终也会酿成大故障，增加了维修难度，提高了维修成本，代价惨重。图 13-1 所示为某车间内报修机器人的外观图，该机器人自投入使用以来从未对其进行过正规的维护保养，致使该机器人积劳成疾，面目全非。

图 13-1　某车间内报修机器人状态

对图 13-1 所示状态下的机器人进行维修，难度是比较大的，腐蚀、锈蚀、磨损、变形等问题并发，维修困难，且机器人使用寿命会因此大大缩短，这都是疏于日常保养的后果。我们在操作使用机器人过程中，一定要高度重视对机器人的日常维护保养，居安思危，防微杜渐，将必需的巡检工作保质保量地落到实处，将故障苗头扼杀在摇篮中，绝不可以麻痹大意，认为目前机器人运行正常，没有必要对其做维护，放松警惕，放任小问题小瑕疵逐步发展为大故障，得不偿失。加强日常保养可有力减少故障率，甚至做到零故障，有效保证机器人使用周期内高效率完成作业任务，降低机器人运营成本，提高产能。

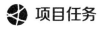 **项目任务**

任务一　工业机器人本体定期维护

定期维护一般以点检形式进行，设备点检是一种科学的设备管理方法，利用人的五官或简单的仪器工具，对设备进行定点的定期的检查，对照标准发现设备的异常现象和隐患，及时掌握设备故障的初期信息，及时采取对策，将故障消灭在萌芽阶段。

（1）日点检项目

日点检项目是维护人员每天开工前都要检查的项目。这些项目列在日检记录表中。以ABB 工业机器人 IRB120 为例，表 13-1 所示为 IRB120 日检记录表，常规包含 7 项内容，如设备点检、维护正常则在对应日期对应项目位置划"√"，如果使用异常则在对应位置划"△"，如果当天未使用该设备，则在对应位置划"/"。

表 13-1　IRB120 机器人日检记录表

序号	检查项目	要求标准	方法	1	2	3	4	5	6	7	8	9	10	11	12	13	14	15	16	17	18	19	20	21	22	23	24	25	26	27	28	29	30	31
1	机器人本体清洁，四周无杂物	无灰尘异物	擦拭																															
2	保持通风良好	清洁无污染	测																															
3	示教器屏幕显示是否正常	显示正常	看																															
4	示教器控制器是否正常	正常控制机器人	试																															
5	检查安全防护装置是否运作正常；急停按钮是否正常等	安全装置运作正常	测试																															
6	气管、接头气阀有无漏气	密封性完好，无漏气	听、看																															
7	检查电机运转声音是否异常	无异常声响	听																															
确认人签字																																		

注：1. 日点检要求每日开工前进行；
2. 设备点检、维护正常划"√"；使用异常划"△"；设备未运行划"/"

1）检查机器人本体及四周

肉眼检查机器人本体是否有灰尘，周围空间是否堆放有杂物，如有灰尘，应使用工业机器人专用清洁布将其擦拭干净；如四周堆放有异物，应立即清空，保持工业机器人周围清爽无异物，保证工业机器人的正常作业空间，并随后在日点检记录表中准确完成记录。

2）保持通风良好

为给机器人提供良好的散热环境，应在日点检中确保通风良好，清洁无污染，并准确完成记录。

3）检查示教器屏幕显示状态

开机后观察示教器屏幕能否正常显示，如不能正常显示，比如出现黑屏，则考虑可能是示教器电缆插接松脱、电源异常或示教器电缆故障等原因造成的，在日点检记录表中准确完成记录后联系维修人员进行故障诊断与排除。

4）检查示教器控制功能

尝试使用示教器手动操纵工业机器人，观察并判断示教器控制功能是否正常，如不正常，认真观察并总结故障特征，在日点检记录表中准确完成记录后联系维修人员进行故障诊断与排除。

5）检查安全防护装置功能

尝试触发安全防护装置，观察工业机器人状态，以此判断安全防护装置功能是否正常，如不正常，则应排查安全防护双链路的输入输出回路是否正确连接，在日点检记录表中准确完成记录后联系维修人员进行故障诊断与排除。

6）检查气管、接头、气阀气密性

肉眼观察气路气密性状态，或凑近细听有无漏气声响，如发现漏气点，可在日点检记录表中准确完成记录后联系维修人员对漏气点进行处理。

7）检查电机运转声音

手动操纵工业机器人进行单轴运动，细听各轴电机在运转时是否存在异响，如有异响，则应在日点检记录表中准确完成记录后联系维修人员针对异响部位做进一步分析处理。

以上 7 个日点检项目在 ABB 所有型号的工业机器人中几乎都是通用的，即 ABB 工业机器人可以共享日点检记录表，一些个别型号的工业机器人，主要是 Clean room 防护类型的工业机器人，还需要增加一项检查：

8）检查磨损和污染情况

肉眼观察工业机器人本体表面磨损和污染情况，例如漆层开裂、毛边、碎屑颗粒物污染等，如发现异常磨损或污染，应进行清洁后再重新涂漆、打磨毛边，并用蘸有酒精的无绒布擦掉碎屑颗粒物，或者在日点检记录表中准确完成记录后联系维修人员做进一步处理。

（2）定期点检项目

定期点检就是每隔一定时间就要进行的点检，即周期性点检，但点检实际时间间隔可以不遵循机器人制造商的规定，可以依据机器人使用频率、工作环境、运动模式等实际情况而自行确定。通常来说，工作环境越恶劣，污染越严重，运动模式越苛刻（电缆线束弯曲越厉害），则检查的时间间隔应越短。以 IRB120 为例，表 13-2 所示为 IRB120 定期点检记录表，共包含 8 个不同点检周期的检查项目，其中定期点检项目即点检周期可以自行视运行情况而定的周期性点检项目，另外还有 1 年点检一次的项目以及 3 年点检一次的项目，进行更换电池组操作的周期间隔与其使用情况息息相关。

1）清洁机器人

为了保证较长的正常运行时间，务必要定期清洁机器人本体，进行清洁操作前，首先应关闭机器人所有电源以保证操作安全，然后根据机器人不同的防护类型选择不同的清洁方法。对于 IRB120 而言，防护类型有 Standard IP30 和 Clean room 两类，通常均可采用真空吸尘器清洁法、擦拭清洁法等对 IRB120 进行清洁，其中擦拭法应选择工业机器人专用清洁布，对于 Standard IP30 防护类型的 IRB120，可以使用少量符合规定的清洁剂进行擦拭，而对于 Clean

表 13-2　IRB120 机器人定期点检记录表

类别	序号	检查项目名称	1	2	3	4	5	6	7	8	9	10	11	12
定期点检项目	1	清洁机器人												
	2	检查机器人线缆												
	3	检查轴 1 机械限位												
	4	检查轴 2 机械限位												
	5	检查轴 3 机械限位												
	6	检查塑料盖												
		确认人签字												
每 12 个月	7	检查信息标签												
		确认人签字												
每 36 个月	8	检查同步带												
		确认人签字												
—	9	更换电池组												
		确认人签字												

room 防护类型的 IRB120，可以使用少量符合规定的清洁剂、酒精或异丙醇酒精进行擦拭，且 Clean room 防护类型工业机器人通常应用于食品行业等高清洁等级的作业环境中，因此清洁擦拭后应确保没有液体流入机器人或滞留在缝隙、表面，避免造成二次污染。以上两种防护类型的 IRB120 均不可用水冲洗；不可使用高压水或高压蒸汽冲洗。

对于一些大型工业机器人，比如 ABB IRB6600/6650 等，防护等级达到 IP67，即机器人是防水的，可冲洗的，因此可以使用水汽压力清洁器、高压水龙头等设备进行清洁。与小型机器人的另一个较大区别是大型工业机器人六个轴通常均包含齿轮箱且加装有润滑油，因此难免存在润滑油泄露问题，泄露的润滑油滴落在工业机器人本体涂漆面上较长时间后会导致机器人涂漆面变色，因此在清洗大型工业机器人时应特别注意润滑油泄露问题，如发现泄漏点，应使用规定的清洁溶剂及时将泄露的润滑油清理干净，随后在其定期点检记录表中准确记录并且联系维修人员对漏油点进行处理。

工业机器人本体清洁前，务必确保所有保护盖、保护罩等均已安装在机器人上，避免清洁操作损伤机器人本体内部元器件；切勿使用未获机器人厂家批准的溶剂清洁机器人；喷射清洗液的距离切勿低于 0.4m 等为常规的普适性的清洁要求，不同型号的工业机器人本体有不同的清洁要求与规定，某些清洁规定是某种型号工业机器人所特有的，具体要求应查找购买机器人时配送的随机电子手册并严格按照要求进行工业机器人本体清洁，任何违背规定与要求的清洁操作都可能会缩短工业机器人的使用寿命。

2）检查机器人电缆

机器人电缆主要包含电机动力电缆、编码器电缆（转数计数器电缆）、示教器电缆，如图 13-2（a）所示为控制柜端电缆接头示意图，图（b）为工业机器人本体上的电缆。在开始检查前，首先要关闭所有连接至机器人的电源、液压供应系统、气压供应系统，然后肉眼观察工业机器人电缆的状态，查看是否有磨损、切割、挤压损坏，如果发现上述异常，应更换受损电缆，并做好点检记录。

3）检查机械限位

机械限位即在关节轴的运动极限位置处设置的凸起的机械挡块或挡板，当该关节轴运动

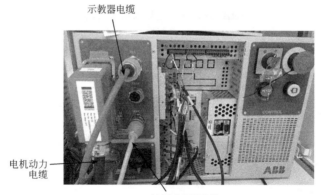

（a）控制柜端电缆接头

（b）工业机器人本体上的电缆

图 13-2 工业机器人电缆示意图

到极限位置处时关节轴上的凸起结构会碰撞机械挡块或挡板，于是机械挡块或挡板将提供一个阻力阻止该关节轴继续朝着该方向运动，从而起到限位作用，机械限位所在位置就是该关节轴运动的最远边界处。IRB120 的轴机械限位位置如图 13-3 所示。机械限位是保护机器

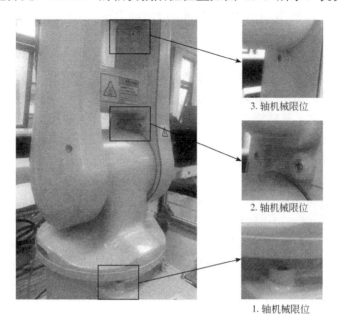

3. 轴机械限位

2. 轴机械限位

1. 轴机械限位

图 13-3 IRB120 机械限位示意图

人本体的一道安全屏障，当因机械限位失效而导致关节轴运动超出其极限位置时，机器人将产生机械损伤，因此必须定期点检所有机械限位是否完好，功能是否正常。

在进行机械限位检查之前，首先关闭所有连接至机器人的电源、液压供应系统、气压供应系统，然后肉眼观察机械限位状态，如果出现松动、弯曲变形、破损等情形，应马上使用内六角扳手进行紧固或更换，以防止更大故障的发生，并做好点检记录。

4）检查塑料盖

出于轻量化考量，IRB120 本体上使用了塑料盖，用手轻轻敲击 IRB120 本体外表面，依据声音就可以轻松辨别出塑料材质的外壳，为了保持完整的外观和可靠的运行，需要定期对机器人本体的塑料盖进行维护。维护开始前，同样应关闭工业机器人的所有电力、液压和气压供给，然后肉眼观察塑料盖是否存在裂纹、缺口等损坏，如果有，则应更换塑料盖，或者使用胶带先进行临时性粘贴，直至可以更换新的塑料盖，并做好点检记录。

5）检查信息标签

工业机器人本体上贴有若干安全和信息标签，例如静电放电▦、电击危险⚠、禁止拆卸🚫、小心被挤压✂、内含储能元件不得拆卸♨等，这些标签上的内容有些关乎安全警示，有些与拆装操作息息相关，对安装、检修、操作工业机器人的人员十分有用，因此有必要维护信息标签的洁净与完整。检查之前首先关闭机器人所有电源、液压供应系统、气压供应系统，然后肉眼观察标签是否存在破损、脏污、缺失等情形，如存在，则应立即进行擦拭、清洁修复或直接更换新标签，维护标签有效性，并做好点检记录。

6）检查同步带

IRB120 本体上有两个同步带，分别位于 3 轴和 5 轴处，如图 13-4 所示为拆掉工业机器人外壳后看到的同步带。同步带传动机构由一根内周表面设有等间距齿的封闭环形皮带和相应的带轮所组成。工作时，带齿与带轮的齿槽相啮合，是一种啮合传动，带轮与同步带之间没有相对滑动，从而使圆周速度同步，同步带传动综合了齿轮传动、链传动和带传动的优点。

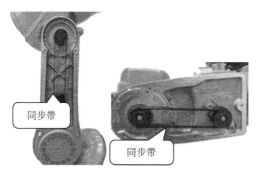

图 13-4　IRB120 本体上同步带

检查之前首先关闭机器人的所有电源、液压供应系统、气压供应系统，然后使用内六角扳手拆除如图 13-5 所示的两处外壳，看到内部的同步带后采用肉眼观察和手动触摸的方式检查皮带以及带轮是否损坏或磨损，如果发现异常，则必须更换该部件。

如果皮带以及带轮不存在损坏或磨损，则接下来使用皮带张力仪测试同步带的张力是否达标，皮带张力仪外观如图 13-6 所示，将探头对准同步带后，用手轻轻拨动同步带，观察张力仪显示屏上的测量数值并与同步带张力值应处的正常范围作比对，如果张力数值超出其正常范围，应立即对同步带进行松紧度调整，以使其张力值处于正常范围内，维持同步带的松紧程度恰到好处，从而保证同步带优良的传动效果；如果因同步带老旧而使得调整松紧度已无法解决问题时，应立即更换同步带。更换同步带时，首先将同步带调整至松弛状态，然后将同步带轻轻剥离带轮，接着将新的同步带套在带轮上，并调整松紧度至正常范围内，最后使用内六角扳手将拆掉的本体外壳重新安装到位，并做好点检记录。

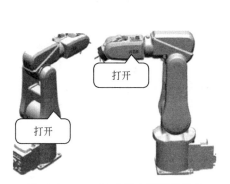
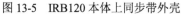

图 13-5 IRB120 本体上同步带外壳

图 13-6 皮带张力仪外观图

7）更换电池组

电池组即在工业机器人关闭其电源时为串行测量电路板（SMB 板）继续供电的电池，以保证工业机器人断电后仍可以持续保存机器人本体的位置数据，再次开机后工业机器人系统对上次关机时各轴的位置清晰明了，于是工业机器人可以直接再次投入运行，由此可知，电池组相当于工业机器人主电源的替补，因此电池的更换周期与工业机器人关机情况密切相关。如果工业机器人总电源每周关闭 2 天，则新电池的使用寿命为 36 个月，如果工业机器人总电源每天关闭 16 小时，则新电池的使用寿命为 18 个月，当电池的剩余后备电量不足 2 个月时，示教器上将显示电池低电量警告（错误代码：38213 电池电量低）以提醒维护人员更换新的电池组，避免电池电量耗尽后一旦工业机器人总电源关闭则会丢失工业机器人本体的位置数据，造成工业机器人运行错乱，再次开机时系统会报错，必须进行转数计数器更新后机器人才能继续投入正常运行。

不同型号的工业机器人电池位置略有不同，可以查看其随机电子说明书来确认电池具体位置，IRB120 机器人本体的电池组位置如图 13-7 所示，图中 A 即为电池，B 为捆绑电池的扎带，C 为基座盖。

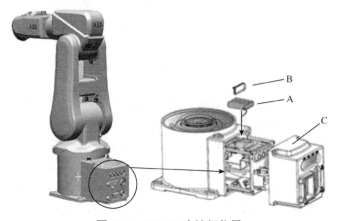

图 13-7 IRB120 电池组位置

　　在进行电池组更换前，首先应将工业机器人各轴调至其机械原点位置，不同型号机器人的机械原点位置有所不同，具体信息可查找对应机器人的随机光盘说明书。IRB120 机器人各轴机械原点位置如图 13-8 所示，当窄缝中心或圆点中心对准宽缝中心时该轴所处位置即为其机械原点位置，采用单轴运动方式，通常按照 4 轴、5 轴、6 轴、1 轴、2 轴、3 轴的顺序依次将工业机器人 6 个关节轴移动至其机械原点位置，这样的顺序便于操作者清晰地观察到所有关节轴的机械原点位置，各关节轴均移动到其机械原点后的 IRB120 机器人姿态如图 13-9 所示，然后关闭工业机器人所有电源、液压供应系统、气压供应系统，接着需对人体静电进行释放，避免静电损伤元器件，接下来使用内六角扳手卸下基座盖板上的紧固螺钉，拆掉基座盖板后露出电池组，使用刀具割断固定电池的扎带，拔下电池电线后取出电池，然后安装新电池并使用电缆扎带进行固定，这里要注意电池中包含有保护电路，在更换时应选择原装正版备件或者是 ABB 认可的同等质量的备件，新电池固定好后将电池电线对应接上，接着将基座盖装回原位置后使用内六角扳手拧紧其紧固螺钉而将 IRB120 机器人本体复原。对于 Clean room 类型的 IRB120 机器人，更换电池操作过程中应谨慎处理基座盖与本体之间的接缝，在进行分离基座盖与本体的操作时，应首先使用刀具切割二者连接处的漆层，然后再将基座盖拆离本体，避免未切割漆层而直接拉扯时造成的漆层开裂情况，切割后出现的毛边也要认真打磨以获得光滑表面；对于已打开的缝隙，应随时做好清洁工作，电池更换完毕后，在进行连接基座盖与本体的操作时，最后要密封基座盖与本体之间的接缝并对缝隙重新进行涂漆处理，完成所有维护工作后，应使用蘸有酒精的无绒布擦除维护过程中掉落在工业机器人本体上的碎屑、碎片、颗粒等异物，达到高度清洁的效果。

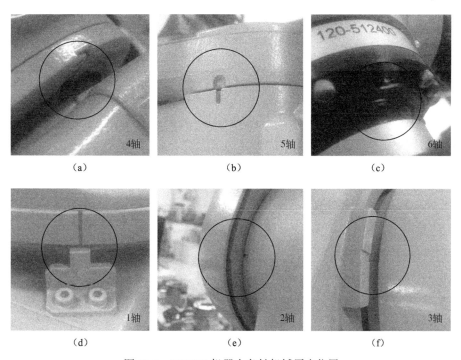

图 13-8　IRB120 机器人各轴机械原点位置

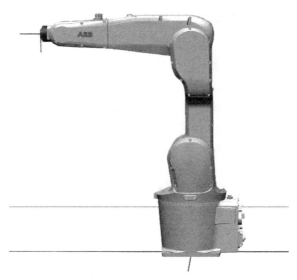

图 13-9 IRB120 机器人各轴处于机械原点时的姿态

更换电池组的操作造成工业机器人在一段时间内处于无电源供电也无电池替补供电的状态，从而造成工业机器人本体位置数据丢失的后果，再次开机时系统会报错，此时应进行转数计数器更新。之前已经将工业机器人各轴移动至其机械原点，接下来需要在示教器中进行操作。图 13-10 所示为 IRB120 转数计数器更新操作步骤，其中第五步中 IRB120 机器人本体铭牌上标注的电机校准偏移值为工业机器人各关节轴机械原点与编码器中各关节轴电气零点之间的偏差值，纠偏后电机才能驱动各关节轴精准到达目标点位，第五步完成后会弹出对话框，提示需重启控制器才能激活新校准偏移值，选择重启后重复第一步和第二步而再次打开校准页面，然后如第六步所示选择"转数计数器"选项下的"更新转数计数器"，继续进行后续过程，按照图示步骤完成操作后，工业机器人 IRB120 即完成转数计数器的更新，可以继续正常运行，更换电池操作至此全部完成。工业机器人如果因安装位置受限而无法实现 6 个关节轴同时到达其机械原点位置，那么可以逐一对关节轴进行转数计数器更新，每次只将一个关节轴移动至其机械原点，然后按照图 13-10 所示步骤进行操作，在第五步和第十步中不要全选，而是只选择对应的关节轴即可，同样的操作针对 6 个关节轴重复进行 6 次就可以完成工业机器人所有关节轴转数计数器的更新。

(a)

(b)

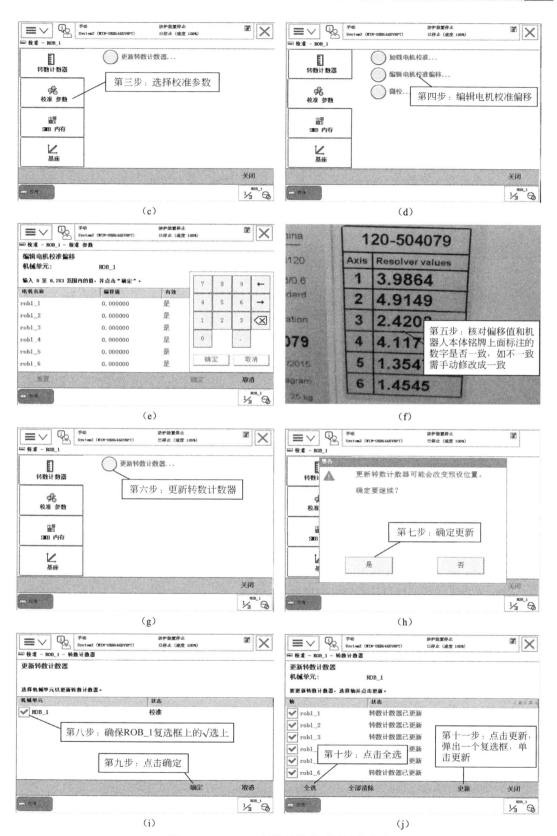

图 13-10 IRB120 转数计数器更新操作步骤

除了更换电池组外，出现下述情形时同样需要进行转数计数器更新，否则系统会报错，致使工业机器人无法继续正常运行：

① 转数计数器发生故障并修复后；

② 转数计数器与 SMB 板之间断开并重新连接后；

③ 断电后，工业机器人关节轴发生了移动并重新开机后；

④ 当系统报警提示"10036 转数计数器未更新"时。

当工业机器人更换控制器或机器人本体时，或者更换了 SMB 板时，即发生了机械单元内存与控制器内存中数据不一致的情况，此时必须首先将二者数据统一后才可以进行上述校准操作。统一数据的方法是在图 13-10 第三步所示"校准-ROB_1"页面中选择"SMB 内存"选项，在打开的页面中选择"更新"，则会出现如图 13-11 所示画面，根据实际情况来选择对应的更新方式，例如操作者换掉了机器人的 SMB 电路板，此时示教器上会发出报警"50296SMB 内存数据存在差异"，如果更换的 SMB 电路板为新板，则直接单击图 13-11 中"替换 SMB 电路板"选项，将控制器中的数据更新至机械手，即将控制柜中数据更新至工业机器人本体的 SMB 电路板以实现数据统一；如果更换的 SMB 电路板为使用过的旧板，则应在"校准-ROB_1"页面中选择"SMB 内存"选项，在打开的页面中选择"高级"——"消除 SMB 内存"，然后返回上一级页面，重新选择"更新"——"替换 SMB 电路板"以实现数据统一。图 13-11 中另一个选项通常是在操作者更换了工业机器人本体或者控制柜的时候被选择的，使用机械手存储器数据更新控制器，即将工业机器人本体的 SMB 电路板数据更新至控制柜以实现二者数据统一。

图 13-11　更新数据方式

如果工业机器人将在未来很长时间内不开机，例如学校实验室的工业机器人在寒暑假期间通常均处于关机状态，此时最好在末次关机前调用服务例行程序"Bat_Shutdown"来关闭电池，可有效延长电池使用寿命。如图 13-12 所示，在程序编辑器菜单中点击"调试"，点击"PP 移至 Main"，点击"调用例行程序"，在打开的页面中选择"Bat_Shutdown"后点击"转到"，然后在手动模式下轻按使能键使系统上电，接着点击播放键，在出现的页面中点击"Shutdown"和"Exit"即可将 SMB 电池关闭。电池关闭后，一旦切断主电源，则 SMB 所存储的数据将丢失，即关节轴原点丢失，下次上电时电池自动激活，需要重新更新一下转数计数器后方可正常使用工业机器人。

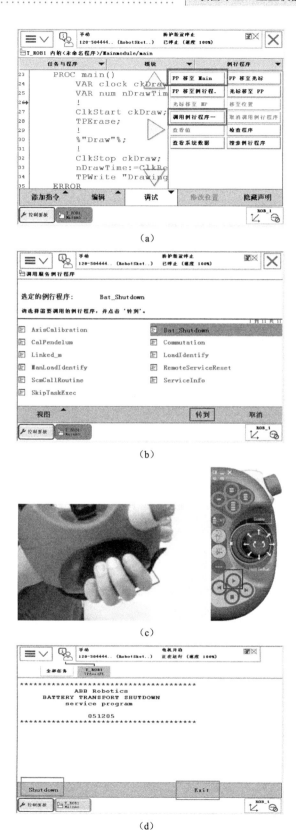

图 13-12　调用"Bat_Shutdown"服务例行程序的步骤

以上是 IRB120 机器人的定期点检项目，不同型号工业机器人的定期点检项目略有差别，具体内容应查看其随机维护指南，围绕指南制定相应点检表并严格执行。

（3）更换润滑油

大型工业机器人的维护项目中通常包含更换润滑油项目。大型工业机器人通常 6 个关节轴均包含齿轮箱，齿轮箱中润滑油一般每 20000 小时就需要更换一次，某些型号工业机器人的部分关节轴中包含润滑油，因此同样涉及每 20000 小时更换一次润滑油的维护任务。现以 ABB6650s 机器人为例说明更换润滑油的操作步骤，在换油前应准备足够的空桶用于废油收集排放（一台机器人用油总量约 30L），润滑油备品必须选择工业机器人保养指南上指定的品牌正品或者是 ABB 认可的同等质量的品牌正品，更换操作步骤如图 13-13 所示。

其他型号工业机器人中可能存在特有的易损部件需定期点检，以便及时发现细微异常，例如 IRB360 机器人的球铰链结构，通常每运行 4000 小时或连续 2 年便需要检查球铰链表面是否出现了裂缝或毛刺，如果确实有异常，则应立即进行元件更换；例如 IRB460 机器人的阻尼器需要定期点检，如果发现有变形、破裂、印痕等损伤，应及时进行更换等等。每款工业机器人本体的定期点检记录表都应围绕其保养指南手册而制定，并在工业机器人本体使用过程中严格按照定期点检表的内容认真执行维护保养任务，尽可能地延长工业机器人本体使用寿命，为工业机器人的安全正常运行保驾护航。

1. 排油前先将工业机器人手动调整到合适的位置，利于润滑油排放干净就好

(a)

2. 打开一轴尾部盖板，取下排油管顶部堵头，等待油排放干净

一轴排油管，在尾部盖板底下

(b)

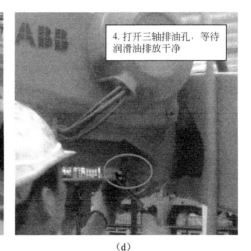

3. 二轴齿轮箱放油，把排油堵头拆下即可排油

4. 打开三轴排油孔，等待润滑油排放干净

（c）　　　　　　　　　　（d）

5. 打开四轴排油孔，等待润滑油排放干净

6. 打开五轴排油孔进行排油，注意机器人的姿势

（e）　　　　　　　　　　（f）

7. 打开六轴排油孔进行排油，为简化过程，这里利用注油孔来排油，需要调整六轴姿态以使油孔朝下

8. 一轴加油，当油位检查孔开始有油溢出时说明加油量已足够，上紧堵头即可

加油孔

该油孔用于检查油位

（g）　　　　　　　　　　（h）

图 13-13

9. 二轴加油，观察孔有油溢出时即为加满，之后拧紧堵头

加油孔

观察孔

(i)

10. 三轴加油，注意机器人姿态

(j)

11. 四轴加油

(k)

12.五轴加油，注意五轴姿态

(l)

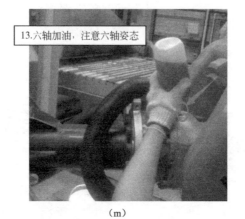

13.六轴加油，注意六轴姿态

(m)

图 13-13　更换润滑油操作步骤

任务二　工业机器人控制柜定期维护

以紧凑型控制柜 IRC5 为例展开说明。

（1）日点检项目

日点检项目见表 13-3，表中所列项目应在每日开工前进行，常规包含 6 个项目，记录规则同工业机器人本体的日点检记录表。

表 13-3　日点检项目

序号	检查项目	要求标准	方法	1	2	3	4	5	6	7	8	9	10	11	12	13	14	15	16	17	18	19	20	21	22	23	24	25	26	27	28	29	30	31
1	控制柜清洁，四周无杂物	无灰尘异物	擦拭																															
2	保持通风良好	清洁无污染	看																															
3	示教器功能是否正常	显示正常	看																															
4	控制器运行是否正常	正常控制机器人	看																															
5	检查安全防护装置是否运作正常；急停按钮是否正常等	安全装置运作正常	测试																															
6	检查按钮/开关功能	功能正常	测试																															
确认人签字																																	

注：1. 日点检要求每日开工前进行；
2. 设备点检、维护正常划"√"；使用异常划"△"；设备未运行划"/"。

1）清洁控制柜，四周无杂物

为便于操作与维护，通常要求控制柜周边要保留足够的空间，如果发现控制柜周边有杂物，应及时清理；肉眼检查控制柜上是否有灰尘，如有灰尘，应使用专用清洁布将其擦拭干净，并在日点检表中正确做记录。

2）保持通风良好

电气元件的杀手之一便是高温，环境温度过高会触发工业机器人本身保护机制，引发报警，如未及时采取降温措施而致使控制柜长期处于温度过高的环境中，最终会损坏控制柜内的电气元件与模块，因此务必保证控制柜所处环境通风良好，散热正常，清洁无污染，并准确完成记录。

3）检查示教器功能

开机后观察示教器的触摸屏、按钮、操纵杆是否功能正常，如有异常则应联系维修人员进行处理，避免开工后因示教器功能异常而耽误生产甚至造成人身安全事故。

4）检查控制器运行情况

上电后查看示教器上有无报警以及控制柜背面的散热风扇是否运行正常，如果无报警、一切正常，则说明控制器运行良好，如果有报警信息，则应根据信息内容排查故障，解决问题；如果散热风扇不工作或工作状态异常，应排查散热风扇回路，可能是电源问题、线路问题、元器件问题等，找出问题真正所在并解决，然后准确完成记录。

5）检查安全防护装置运行情况

分别在手动和自动状态下按下位于控制柜和示教器上的急停按钮进行测试并复位，确认其保护功能是否正常，如存在急停异常，应立即查看急停安全链路以确认故障所在并解决，如果使用了安全面板模块上的安全保护机制 AS、GS、SS，则对应的安全保护功能也要进行测试，然后准确完成记录。

6）检查按钮/开关功能

开始作业前，首先按下/旋动控制柜上各按钮/开关以测试其功能是否正常，如不正常，应对照电气接线图使用数字万用表排查故障并解决，然后准确完成记录。

（2）定期点检项目

定期点检项目见表13-4，通常包含 6 个项目，其检查周期有长有短，一般都比日点检项目的检查周期长。

表 13-4　定期点检项目

类别	序号	检查项目	1	2	3	4	5	6	7	8	9	10	11	12
每个月	1	清洁示教器												
		确认人签字												
每 6 个月	2	散热风扇的检查												
		确认人签字												
每 12 个月	3	清洁散热风扇												
	4	检查上电接触器 K42、K43												
	5	检查刹车接触器 K44												
	6	检查安全回路												
		确认人签字												

注："定期"意味着要定期执行相关活动，但实际的间隔可以不遵守机器人制造商的规定。此间隔取决于机器人的操作周期、工作环境和运动模式。通常来说，环境的污染越严重，运动模式越苛刻（电缆线束弯曲越厉害），检查间隔也越短。设备点检、维护正常划"√"；使用异常划"△"；设备未运行划"/"。

1）清洁示教器

根据使用说明书的要求，ABB 工业机器人示教器通常需要 1 个月清洁一次，清洁周期根据示教器使用环境的恶劣程度可以进行调整，清洁时使用纯棉的拧干的湿毛巾进行擦拭，如果示教器表面确实存在较严重的脏污，通常也只能用纯棉毛巾蘸取少量稀释后的中性清洁剂，然后轻轻地擦拭示教器，清洁完毕后应准确填写点检记录表。

2）检查散热风扇

关闭控制柜主电源后，卸下控制柜背面的散热风扇保护罩，可看到散热风扇如图 13-14 所示，查看散热风扇的扇叶是否破损，如果有破损，可考虑更换扇叶，维护完毕后应准确填写点检记录表。

3）清洁散热风扇

通常情况下每 12 个月需要对散热风扇进行一次清洁，以保持其优良的散热性能，清洁周期根据控制柜所处环境的恶劣程度可以进行调整，清洁作业前首先应关闭控制柜主电源以防止触电，然后打开控制柜背面的散热风扇保护罩，使用清洁刷清扫散热风扇上的灰尘并用小

图 13-14　控制柜背面的散热风扇

托板接住灰尘，清扫完毕后再使用手持式吸尘器吸取遗留的灰尘，维护完毕后应准确填写点检记录表。

4）检查上电接触器 K42、K43

在手动状态下轻轻按下示教器上的"上电使能"键，如果随即听到"啪啪"声则说明上电接触器得电后正常吸合了，然后点击示教器显示屏上方的"状态信息栏"，如果在最上方看到"10011 电机上电（ON）状态"的信息则说明一切正常；如果仅听到"啪啪"声而没有出现"10011 电机上电（ON）状态"这样的信息，反而是其他不同的错误信息，则分析是上电接触器正常吸合而驱动电机的供电回路有故障，可能是电源本身问题，也可能是接触不良、断路等接线问题，也可能是本应吸合的接触器触点实际上仍为断态的元器件故障，应根据具体错误信息进行故障排查；如果按下"上电使能"键后没有听到"啪啪"声则说明上电信号并没有使上电接触器吸合，分析可能是上电接触器的线圈回路故障，例如电源缺失或不符合线圈额定电压要求，或者回路中存在断点等接线故障，使用数字万用表检测其线圈回路，依据发现的异常情况进行针对性修复，另外分析还有可能是接触器本身故障，比如经万用表检测发现上电接触器线圈的电源回路一切正常，但上电接触器不吸合，那么基本可以判定就是接触器本身的硬件故障，通常更换新的接触器即可解决问题。同理，当释放"上电使能"键时，正常情况下也能够听到上电接触器失电释放的声音，且点击示教器显示屏上方的"状态信息栏"后可看到"10012 安全防护停止状态"的提示信息，如果真实情况与上述不符，则可用同样的思路来分析接触器断电时的可能故障并进行针对性排故。维护完毕后应准确填写点检记录表。

5）检查刹车接触器 K44

在手动状态下轻轻按下示教器上的"上电使能"键，正常情况下此时电机转子不承受刹车片的阻力作用，然后采用单轴运动方式手动操纵工业机器人慢速小范围移动，在此过程中细心观察各关节轴的运动是否流畅，仔细听各关节轴运动时是否存在异响，如果确实运动有卡顿或伴随异响，且过程中多次出现"50056 关节碰撞"的错误报警，但事实上机器人并未发生实质性碰撞，则考虑是因刹车接触器未完全吸合而导致驱动电机承受过大阻力造成的，可能是刹车接触器线圈回路电压过低，也可能是刹车接触器本身故障，例如刹车接触器内部衔铁运动存在阻力，使用数字万用表排查故障真正原因并针对性解决。

在手动状态下释放"上电使能"键，正常情况下此时电机转子与刹车片接触而承受来自刹车片的阻力作用，然后查看示教器上"状态信息"，如果看到"10012 安全防护停止状态"的信息，则说明刹车片以及刹车接触器一切正常，如果看到"37101 制动器故障"的信息，则可能是刹车接触器线圈电源回路故障或者刹车接触器本身存在失电释放故障，结合具体错误信息使用数字万用表进行故障诊断并解决问题。维护完毕后应准确填写点检记录表。

6）检查安全回路

根据工业机器人工作站内实际设置的安全保护机制情况，在保证安全的前提下，依次触发安全信号，检查机器人是否有对应的响应。如果仅使用了急停保护 ES，则只需依次按下工作站内急停按钮分别进行测试，按下某个急停按钮后，查看示教器上"状态信息"，如出现"20202 紧急停止已打开"的信息，同时在示教器显示屏状态信息栏上看到"紧急停止"四个红字，则说明急停响应正常，进行急停复位操作后，查看示教器上"状态信息"，如急停报警消失，同时在示教器显示屏状态信息栏上看到"防护装置停止"六个字，则说明急停复位正常，综合以上可以得出结论：急停保护双链路功能一切正常。如果实际情况与上述不符，则应根据具体异常表现排查急停保护双链路，例如当控制柜上急停按钮功能正常，但示教器上急停按钮被按下后无响应时，分析可知急停保护链路公共部分是没有问题的，问题应出在示教器上急停按钮与安全面板之间的急停输入信号线路上，使用数字万用表进行故障点诊断后将问题解决即可。如果同时还使用了其他的保护机制，按照同样的思路和步骤人为触发相应保护，观察其停止响应，复位后同样观察其复位响应，根据具体现象判定相应安全回路是否正常，如果一切正常则无需处理，如果存在异常，根据具体异常现象使用数字万用表进行故障点诊断并解决问题。维护完毕后应准确填写点检记录表。

❋ 项目练习与考评

工业机器人校准训练

（1）训练目的

通过训练，使操作者掌握工业机器人校准操作步骤与要求，体会校准意义，了解工业机器人在什么情况下需要校准。

（2）训练器材

工业机器人　　1 套

（3）训练内容

① 为工业机器人本体更换电池；

② 将工业机器人各关节轴移动至其机械原点；

③ 在示教器中更新转数计数器；

④ 总结校准操作步骤、其他需要校准的情况及原因。

（4）训练考评

工业机器人校准考核配分及评分标准如表 13-5 所示。

表 13-5　工业机器人校准考核配分及评分标准

项目环节	技术要求	配分	评分标准	得分
为工业机器人本体更换电池	熟悉步骤，熟练操作，快速准确完成电池更换	10 分	1. 又快又好得 10 分； 2. 操作有瑕疵酌情扣分	
将工业机器人各关节轴移动至其机械原点	熟练操纵示教器，按顺序移动各关节轴，移动至机械原点，精准无误	30 分	1. 又快又好得 30 分； 2. 操作有瑕疵酌情扣分	

项目环节	技术要求	配分	评分标准	得分
在示教器中更新转数计数器	熟悉操作步骤，正确完成操作	30分	1. 又快又好得30分； 2. 操作有瑕疵酌情扣分	
总结校准操作步骤、其他需要校准的情况及原因	总结全面到位，理解深刻准确	30分	1. 态度严谨、言之有物、见解深刻得30分； 2. 其他情况酌情扣分	

🖉 思考与讨论

1. 为什么工业机器人关机时间越长，电池使用寿命越短？

2. 同步带张力越大越好么？

3. 润滑油通常需要多久更换一次？

4. 如何清洁示教器？可以用水直接冲洗么？

项目十四 工作站外围设备日常维护保养

 **相关知识**

工业机器人外围设备日常维护保养的重要性

千里之堤，毁于蚁穴。纵然是工业机器人这样高精度优性能的设备，如果对其疏于日常维护保养，短时间内或许没有问题，但日积月累，量变引起质变，最终会酿成大故障，增加了维修难度，提高了维修成本，代价惨重。如下图所示为某车间内报修机器人的外观图，该机器人自投入使用以来从未对其进行过正规的维护保养，致使该机器人积劳成疾，面目全非。

对图示状态下的机器人进行维修，难度是比较大的，腐蚀、锈蚀、磨损、变形等问题并发，维修困难，且机器人使用寿命会因此大大缩短，这都是疏于日常保养的后果。我们在操作使用机器人过程中，一定要高度重视对机器人的日常维护保养，居安思危，防微杜渐，将必需的巡检工作保质保量地落到实处，将故障苗头扼杀在摇篮中，绝不可以麻痹大意，认为目前机器人运行正常，没有必要对其做维护，放松警惕，放任小问题小瑕疵逐步发展为大故障，得不偿失。加强日常保养可有力减少故障率，甚至做到零故障，有效保证机器人使用周期内高效率完成作业任务，降低机器人运营成本，提高产能。

⚙ **项目任务**

任务一 PLC 日常维护保养

PLC 性能稳定，故障率较低，一般 3 年维护一次，维护前首先将 PLC 程序备份好，然后观察各模块的电源部分和 I/O 部分，通过各模块状态指示灯来检查是否存在性能不佳的元器件；在检查 CPU 模块时应特别注意在静电消除后再进行操作，主要是检查 CPU 的电池，电池寿命通常为 5 年，环境温度越高，电池寿命越短，当电池失效时，CPU 的 ALARM 指示灯会闪烁，此后一周内必须更换新电池。

在日常使用中，应定期检查 PLC 各端子接线是否接触良好，接线螺丝必须拧紧，外观不能有异常；定期检查 PLC 供电电源的电压和频率是否为额定值；定期检查继电器输出型的触点功能是否正常；可利用停机时间，对 PLC 各模块进行人工除尘、降温等操作，保持通风良好，保证 PLC 始终运行在温度、湿度、振动、粉尘等均符合要求的环境中。

任务二　电气控制板日常维护保养

模块一介绍的电气控制板中包含多种低压电器，每个电器的功能及保养要求各不相同，应认真阅读所有电器的产品说明书及维护保养指南，统计整理而形成整个电气控制板的定期点检记录表，不同电器的点检周期也不尽相同，严格按要求执行点检表中的点检项目，不能觉得设备现在还能正常使用就是没有故障，因为工业产品的综合性能较好，如果有一个两个小故障，有时照常可以使用，但继续使用肯定会缩短产品使用周期，此时需要维护人员通过定期点检发现这一问题并及时解决，即便确实没有真正故障，日常维护也绝不可懈怠，必须保质保量完成定期点检作业任务，始终保证电气控制板清洁无尘、温度适宜、性能稳定。

任务三　气动装置日常维护保养

模块一介绍的气路中包含气源处理器、真空发生器、电磁阀、气管等元件，参考各元件的产品说明书及维护保养指南，制定整个气路的定期点检记录表，例如气路气密性检测，使用气密性测试仪及时发现气路中可能存在的漏气点并进行处理；例如定期检查连接螺钉有无松动问题；定期检查气源处理器运行性能等，严格执行定期点检制度，充分保障气路装置能够为用气单元提供高品质气源。

任务四　外围模块日常维护保养

外围模块包含模块支架、传感器、紧固螺钉、步进电机、气缸、视觉相机等很多元件，参考各元件的产品说明书及维护保养指南，制定各模块的定期点检记录表，严格执行定期点检制度，以科学的方法管理元件设备，尽可能使各元件始终处于最佳运行状态。

在日常使用中，应定期使用纯棉的拧干的湿毛巾清洁各模块支架表面；定期梳理电缆，使其整洁有序、互不干扰；定期检查电缆有无磨损、破裂；定期检查各模块运动部件是否灵活等等，从各方面保证各外围设备尽可能长时间的最优性能表现。

在进行以上所有维护与维修作业时，工作人员必须在工作站安全围栏外悬挂写有"检修中，勿通电"字样的警示牌，同时保持安全门在打开状态，为工作人员增加一道互锁保护屏障，安全作业，安全第一。

✖ **项目练习与考评**

开关电源维护保养训练

（1）训练目的

通过训练，使操作者掌握开关电源维护方法，并以此为例推及延伸至其他低压电器，体会整体电气控制板的维护思路与方法。

（2）训练器材

工业机器人工作站　　1套

（3）训练内容

① 进行人体静电释放并观察开关电源接线端子外观有无异常；

② 使用数字万用表测量开关电源的输入电压与输出电压；

③ 使用红外测温仪测试开关电源表层温度；

④ 断开工作站总电源5min后用试电笔检测开关电源的输出端子与输入端子；

⑤ 确认各端子不带电后用手轻拽电缆以查看接线是否紧固可靠。

（4）训练考评

开关电源维护保养考核配分及评分标准如表14-1所示。

表14-1　开关电源维护保养考核配分及评分标准

项目环节	技术要求	配分	评分标准	得分
进行人体静电释放并观察开关电源接线端子外观有无异常	熟练操作，观察细致并准确记录	10分	1. 又快又好得10分； 2. 操作有瑕疵酌情扣分	
使用数字万用表测量开关电源的输入电压与输出电压	熟练使用数字万用表，了解电压正常值并准确判断是否存在异常	30分	1. 又快又好得30分； 2. 操作有瑕疵酌情扣分	
使用红外测温仪测试开关电源表层温度	熟悉操作步骤，正确完成操作	30分	1. 又快又好得30分； 2. 操作有瑕疵酌情扣分	
断开工作站总电源5min后用试电笔检测开关电源的输出端子与输入端子	正确使用试电笔，熟练操作	10分	1. 又快又好得10分； 2. 操作有瑕疵酌情扣分	
确认各端子不带电后用手轻拽电缆以查看接线是否紧固可靠	力度适中，快速检验	20分	1. 又快又好得20分； 2. 操作有瑕疵酌情扣分	

✎ **思考与讨论**

1. PLC维护周期一般为多久？

2. 电气控制板的清洁工具是什么？

3. 温度越高，电气元件寿命越长么？

参 考 文 献

[1] 韩鸿鸾，周永刚，王术娥. 工业机器人机电装调与维修一体化教程[M]. 西安：西安电子科技大学出版社，2020.

[2] 谭志彬. 工业机器人操作与运维教程[M]. 北京：电子工业出版社，2019.

[3] 叶晖. 工业机器人故障诊断与预防维护实战教程[M]. 北京：机械工业出版社，2018.

[4] 巫云，蔡亮，许妍妩. 工业机器人维护与维修[M]. 北京：高等教育出版社，2018.

[5] 叶晖. 工业机器人实操与应用技巧[M]. 北京：机械工业出版社，2017.

[6] 杨晓钧，李兵. 工业机器人技术[M]. 哈尔滨：哈尔滨工业大学出版社，2015.

[7] 王保军，滕少峰. 工业机器人基础[M]. 武汉：华中科技大学出版社，2015.

[8] 胡伟. 工业机器人行业应用实训教程[M]. 北京：机械工业出版社，2015.